**DHEETI AJAY KUMAR**
**M.V.S.S Girdhar**

# Projeto de um sistema de distribuição de água utilizando o software Epanet

**DHEETI AJAY KUMAR**
M.V.S.S Girdhar

# Projeto de um sistema de distribuição de água utilizando o software Epanet

## Um estudo de caso sobre o sistema de distribuição de água

**ScienciaScripts**

**Imprint**

Any brand names and product names mentioned in this book are subject to trademark, brand or patent protection and are trademarks or registered trademarks of their respective holders. The use of brand names, product names, common names, trade names, product descriptions etc. even without a particular marking in this work is in no way to be construed to mean that such names may be regarded as unrestricted in respect of trademark and brand protection legislation and could thus be used by anyone.

Cover image: www.ingimage.com

This book is a translation from the original published under ISBN 978-620-6-84570-6.

Publisher:
Sciencia Scripts
is a trademark of
Dodo Books Indian Ocean Ltd. and OmniScriptum S.R.L publishing group

120 High Road, East Finchley, London, N2 9ED, United Kingdom
Str. Armeneasca 28/1, office 1, Chisinau MD-2012, Republic of Moldova, Europe
Printed at: see last page
ISBN: 978-620-8-27770-3

# Conteúdo

# RESUMO

O principal objetivo do presente estudo é conceber a rede de distribuição de água utilizando o software EPANET, tendo em conta a procura futura das pessoas presentes em Ramnaresh nagar Hyderabad, o abastecimento contínuo de água sem diminuir a perda de carga em locais desejáveis e mantendo uma descarga e velocidade suficientes em toda a rede. Os dados recolhidos foram o plano da zona de Ramnaresh nagar, dados sobre a população, dados sobre a rede de distribuição, tais como o comprimento dos tubos, o diâmetro dos tubos de 100 mm, 150 mm e 200 mm. A digitalização da zona de Ramnaresh nagar foi efectuada utilizando o ARC GIS e o Google Earth para simular a rede no software EPANET.

A população calculada para as três décadas futuras é de 23368, utilizando o método geométrico de previsão da população. A rede é constituída por um número de ligações de 500, um comprimento total de tubagem na rede de 3,22 km e uma capacidade de reservatório de 50 mgd., o número de junções é de 48, o material da tubagem é de ferro dúctil com um coeficiente de rugosidade de 120. O caudal máximo na rede é de 13,22 Ips na primeira hora e o mínimo de 0,11 Ips. Além disso, o excesso de água fornecido durante a hora de não-pico pode ser armazenado no reservatório e pode ser utilizado durante a hora de pico. O principal problema nesta rede é a presença de tubos sem saída que, por sua vez, levam à estagnação da água, reduzindo a velocidade e a pressão. Comparando os valores dos parâmetros hidráulicos do software EPANET com os valores calculados manualmente, obtém-se praticamente o mesmo resultado.

**Palavras chave**: EPANET, Redes de Distribuição de Água, ARC GIS e google earth.

# CAPÍTULO - 1

# INTRODUÇÃO

## 1.1 GERAL

As redes de distribuição de água têm muitos objectivos para além do abastecimento de água para consumo humano. As redes são concebidas para satisfazer os picos de procura. O sistema de rede de distribuição de água é uma estrutura hidráulica constituída por tubagens, tanques, reservatórios, bombas e válvulas. É necessário fornecer água ao público, pelo que um abastecimento de água eficiente é da maior importância na conceção de uma rede de distribuição de água.

A água na rede de abastecimento é mantida a uma pressão positiva para garantir que a água chegue a todas as partes da rede de distribuição e que exista um caudal suficiente em cada ponto de fuga. A água é pressurizada por bombas da fonte de água, como Krishna e Godavari, que bombeiam a água para tanques de armazenamento construídos no ponto local mais elevado da rede. Uma rede pode ter muitos outros reservatórios de serviço. As redes de distribuição de água fazem parte do planeamento geral das comunidades e dos municípios. O seu planeamento e conceção requerem a perícia dos urbanistas juntamente com os engenheiros civis, que devem considerar muitos factores, tais como a localização do reservatório, a elevação, a procura atual de água por cabeça, o crescimento futuro, as fugas, a cabeça de pressão, a dimensão da tubagem, a perda de pressão, os caudais de combate a incêndios, etc., utilizando a análise da rede de tubagens e diferentes softwares como o EPANET. À medida que a água passa pelo sistema de distribuição, a qualidade da água pode degradar-se devido a reacções químicas. A corrosão de materiais de tubos metálicos no sistema de distribuição pode causar a libertação de metais sob a forma de produtos químicos na água, com problemas estéticos e de saúde indesejáveis. A manutenção de uma água potável biologicamente segura é outro aspeto significativo na rede de distribuição de água. Um desinfetante à base de cloro, como o hipoclorito de sódio ou as monocloraminas, é adicionado na quantidade necessária à água à saída da estação de tratamento. Podem ser colocadas estações elevatórias na rede para garantir que todas as áreas do sistema de distribuição tenham níveis sustentados adequados de desinfeção. O objetivo de um sistema de tubagens é fornecer pressão e caudal inadequados e, para isso, o projeto de distribuição de água é feito utilizando o software EPANET.

## 1.2 REQUISITOS DE UM SISTEMA IDEAL DE REDE DE DISTRIBUIÇÃO DE ÁGUA

1. A água deve chegar ao consumidor com o mesmo grau de pureza que é alcançado na estação de tratamento.
2. A água deve chegar a todos os consumidores com pressão suficiente.
3. A cabeça de pressão residual é de 1,6 m a 2 m.
4. A pressão necessária para o edifício térreo + 1 andar é de 7 m. E para cada andar extra devemos aumentar a cabeça de pressão em 5 m.
5. Tanto quanto possível, o abastecimento de água deve estar afastado dos esgotos.
6. A rede deve ser fiável, mesmo em caso de avaria, a água deve poder chegar ao consumidor.

## 1.3 SOBRE O SOFTWARE EPANET

O EPANET é um programa de computador que efectua uma simulação de longo prazo do comportamento hidráulico e da qualidade da água em redes de tubagens pressurizadas. Neste caso, uma rede de distribuição é constituída por tubagens, nós (junções de tubagens), bombas, válvulas e tanques ou reservatórios de armazenamento. O EPANET regista o fluxo de água em cada tubo, a pressão em cada nó, a elevação da água em cada tanque e a concentração de espécies químicas em toda a rede durante um período de simulação composto por vários passos de tempo. Para além das espécies químicas, podem também ser simuladas a idade da água e o rastreio da fonte. O EPANET foi concebido para ser uma ferramenta de investigação para melhorar a nossa compreensão do movimento dos constituintes da água potável nos sistemas de redes de distribuição.

O EPANET é um pacote de software de modelação do sistema de distribuição de água do domínio público, desenvolvido pela Divisão de Abastecimento de Água e Recursos Hídricos da Agência de Proteção Ambiental dos Estados Unidos (EPA). É um software de domínio público para sistemas de distribuição de água que ajuda a avaliar estratégias de gestão alternativas para melhorar a quantidade de água a ser fornecida e a qualidade ao longo de um sistema. Estas podem incluir a utilização variável de fontes em sistemas de fontes múltiplas, a alteração dos calendários de bombagem e de enchimento ou esvaziamento de reservatórios, a limpeza e substituição de tubagens.

## 1.4 CAPACIDADES DE MODELAÇÃO HIDRÁULICA

Para efetuar uma modelação eficaz da qualidade da água, é necessária uma modelação hidráulica completa e precisa. O EPANET inclui as seguintes capacidades

1. O EPANET não tem limite de dimensão da rede e pode ser analisado em qualquer altura.

2. O EPANET calcula a perda de carga por atrito utilizando qualquer uma das fórmulas de Hazen-Williams, Darcy-Weisbach ou Chezy-Manning.

3. O EPANET inclui perdas de carga menores para curvas e acessórios juntamente com perdas de carga maiores.

4. A energia de bombagem e o custo da rede podem ser calculados pelo EPANET.

5. Modela vários tipos de válvulas, incluindo válvulas de corte, de controlo, de regulação da pressão e de controlo do fluxo.

6. O EPANET permite que os tanques de armazenamento tenham qualquer forma e qualquer diâmetro de tanque de armazenamento pode ser variado com a elevação.

7. O software considera várias categorias de procura num nó individual, cada uma com o seu próprio padrão de variação temporal.

## 1.5 CAPACIDADES DE MODELAÇÃO DA QUALIDADE DA ÁGUA

O EPANET oferece as seguintes capacidades de modelação da qualidade da água, para além da modelação hidráulica

1. O EPANET modela o momento do material traçador não reativo através do sistema de distribuição ao longo do tempo.

2. O EPANET modela a idade da água em todo o sistema de distribuição.

3. O fluxo pode ser rastreado pelo software a partir de um determinado nó até ao momento em que chega a todos os outros nós

4. Tem em conta as restrições de transferência de massa ao modelar as reacções da parede do tubo.

5. O EPANET permite que as reacções de crescimento ou de decaimento prossigam até uma concentração limite e utiliza coeficientes de taxa de reação total que podem ser alterados numa base de tubo a tubo.

6. O EPANET permite que os coeficientes da taxa de reação da parede sejam inter-relacionados com a rugosidade da tubagem e permite concentrações variáveis no tempo ou entradas de massa em qualquer local da rede.

Ao utilizar estas caraterísticas, o EPANET pode estudar o crescimento de subprodutos de desinfeção, a perda de cloro residual, a idade da água ao longo de um sistema, a mistura de água de diferentes fontes e o crescimento de subprodutos de desinfeção.

## 1.6 VISÃO GERAL DO SOFTWARE EPANET

O EPANET é um programa de software distribuído pela USEPA (Agência de Proteção Ambiental dos Estados Unidos), que utiliza uma interface visual para modelar o sistema de distribuição de água. Com este software, é possível desenhar fisicamente redes de tubagens que incluem tubagens, válvulas, reservatórios, tanques de armazenamento e bombas. O esqueleto da rede é importado através de ficheiros de saída GPS, Auto CAD e Google Earth. O EPANET calcula a carga hidráulica, a pressão, a qualidade da água em cada junção, o caudal, a velocidade, a perda de carga, a qualidade média da água através de cada linha de tubagem, a carga hidráulica e a qualidade da água em cada tanque, fornecendo os dados necessários, como o diâmetro dos tubos, o comprimento dos tubos e a elevação em cada nó. Os resultados incluem mapas de rede codificados por cores e tabelas de dados.

## 1.7 VANTAGENS DO SOFTWARE EPAET

1. O software EPANET tem uma interface de fácil utilização.

2. O EPANET fornece uma boa representação visual da rede hidráulica.

3. O EPANET é fácil de alterar um parâmetro (comprimento do tubo, diâmetro e fricção... etc.) e ver os efeitos no software.

4. A rede pode ser desenhada na interface do utilizador (pode ser importado um mapa topográfico ou uma imagem de satélite) ou os dados podem ser importados do GPS, AutoCAD e Google Earth.

5.   O software EPANET pode modelar diferentes tipos de válvulas e bombas multi-velocidade.
6.   As tabelas de resultados resumidos do software EPANET facilitam a garantia do seu trabalho.
7.   As unidades no EPANET podem ser mais intuitivas do que noutros programas informáticos.
8.   Os dados de saída do EPANET de todas as simulações podem ser exportados para o formato Excel/texto.
9.   As iterações no software EPANET podem ajudar a descobrir   onde se deve exercer a pressão válvulas de libertação e tanques de pressão de rutura.
10.   É fácil encontrar uma opção de ajuda neste domínio.
11.   No software EPANET estão disponíveis muitos recursos, como tutoriais e manuais.

**1.8   APLICAÇÃO DO SOFTWARE EPANET**

1.   Redes complexas e sistemas de grelha A EPANET pode ser aplicável em vez de sistemas ramificados.
2.   Para saber qual o tipo de tubos e quais os diâmetros a utilizar.
3.   Determinar as necessidades de melhoramentos e extensões da rede de distribuição.
4.   Determinação do local de instalação dos reservatórios, válvulas e bombas.
5.   Estudo do comportamento do cloro e da necessidade de manter o cloro residual.

**1.9   PONTOS FRACOS E LIMITAÇÕES DO SOFTWARE EPANET**

1.   A EPANET não pode calcular:
- Cálculo do golpe de aríete.
- Simulação de rebentamento de tubos.
- Modelar o comportamento real das válvulas anti-retorno.
- Avaliar as consequências da presença de ar no interior da rede.
2.   É necessário ter em atenção as unidades.
3.   O EPANET não é tão adaptável como outros programas.
4.   Oculta equações e dificuldades com unidades quando se utilizam equações para diferentes fins.
5.   Também é difícil otimizar o sistema de rede sem ter ou saber como utilizar o kit de ferramentas de programação.
6.   O EPANET não dispõe de um botão "anular".
7.   Sobre a qualidade da água:
- O software EPANET não pode determinar a concentração química ao longo da tubagem, mas pode ser calculada em cada nó.
- As reacções químicas práticas com contaminantes podem ser muito diferentes das reacções teóricas previstas pelo modelo.
8.   A EPANET não é objeto de análise de custos.
9.   O EPANET não inclui uma lista de materiais.
10.   Se desenhar nos nós, o mapa pode não estar à escala.

**1.10 OBJECTIVOS DO PRESENTE ESTUDO**

1.   Prever os dados da população utilizando o método do aumento geométrico para a área de estudo.
2.   Determinar a pressão, a velocidade, o caudal e a perda de carga da água a distribuir.
3.   Projetar a rede de distribuição de água na área de estudo utilizando software de simulação hidráulica.
4.   Comparar os resultados da rede de distribuição de água do software com os cálculos manuais

**1.11 DESCRIÇÃO DO PROBLEMA**

O último estudo da HMDA (Hyderabad Metropolitan Development Authority) revela que a pressão sobre os terrenos vai multiplicar-se, especialmente na região de Kukatpally. Os dados prevêem a análise comparativa da população com o emprego para 2041, tomando 2016 como ano de referência. Os dados indicam que o emprego - incluindo a agricultura, a indústria e o sector dos serviços, que é de 4,67 em 2016 - aumentará para 9,25 em 2041 na Área Metropolitana de Hyderabad (HMA). De acordo com os dados previstos pela HMDA, a população de Ramnaresh nagar duplicará em 2041. Para satisfazer as necessidades de água da população prevista na zona de Ramnareshnagar e fornecer 150 litros de água a cada consumidor, foi projetado um sistema de distribuição de água para os próximos 30 anos.

**1.12 ÁREA DE ESTUDO**

Ramnaresh nagar situa-se na parte noroeste de Hyderabad, em Medchal-Malkajgiri. O sistema de abastecimento de água canalizada a Ramnaresh nagar foi iniciado em 1993. A principal língua falada aqui é o telugu. É um dos centros comerciais mais movimentados de Hyderabad, famoso pelas suas roupas e restaurantes. Ramnaresh nagar era um corredor industrial na parte noroeste de Hyderabad. A sua população começou a crescer a partir do início da década de 1990, com muitas pessoas a emigrarem de Andhra Pradesh e a instalarem-se em Kukatpally e arredores. É também o lar de um grande número de utilizadores de TI devido à sua proximidade com a cidade Hitech. Existem muitas indústrias de pequena escala na cintura de Kukatpally - Sanathnagar. O aeroporto mais próximo é o de Shamshabad e a estação de metro mais próxima é a "Miyapur metro railway station". As coordenadas de latitude e longitude são 17°29'24" a 17°30'15" Norte e 78°62'84" a 78°63'58" Este, respetivamente, como mostra a figura 1 abaixo, e o modelo de rede baseado no SIG.

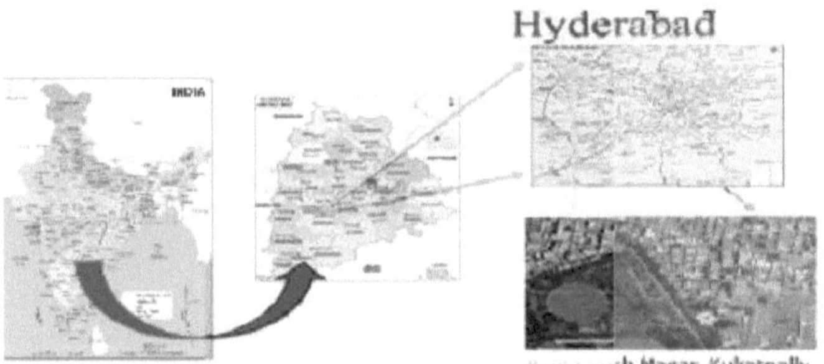


FFig.1 Delineated area of Ramnaresh nagar

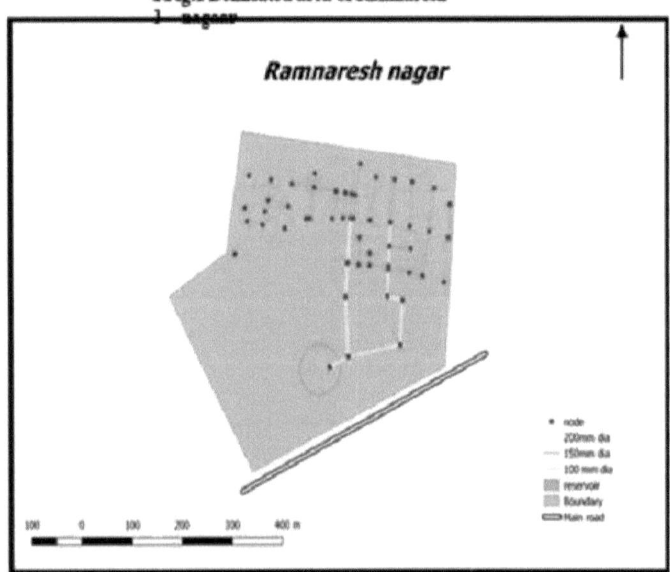


Fig.1 Zona delimitada de Ramnaresh
Fig.1 Zona delimitada de Ramanaresh

**1.12.1 Caraterísticas da zona de Ramnareshnagar**
1)   Elevação / Altitude: 547 metros. Acima do nível médio do mar
2)   A temperatura climática é de 27 °C
3)   Humidade: 52%
4)   Precipitação anual: 615,6 mm (por ano)

5)  Velocidade média do vento : 9 kmph
6)  População : 10150
7)  A área de estudo abrange: 92.631 m$^2$ (997.077 ft$^2$ ).
8)  Número de ligações: 500
9)  Comprimento da conduta: 3,22 km.
10) Taxa de crescimento da população 2,92%
11) Densidade da população: 25.221 pessoas por quilómetro quadrado.
12) Fonte de água Rios Krishna e Godavari e respectivos afluentes
13) Capacidade do reservatório: 50 mgd
14) O número de ligações é: 48.

# CAPÍTULO - 2

## REVISÃO DA LITERATURA

### 2.1 GENERALIDADES

Análise da rede de distribuição de água desde o período medieval até ao período moderno documentada por Walski (2006). No artigo publicado na American Water Works Association (AWWA). No seu estudo, Walski afirma que o desenvolvimento do sistema de distribuição de água e do método de análise, desde os tubos de madeira até ao material moderno, desde a regra do polegar até ao método da cruz de Hardy e ao sistema moderno assistido por computador.

O sistema de distribuição de água é adequado para uma cidade planeada, a fim de garantir a disponibilidade de água suficiente para a comunidade necessária. A quantidade de água depende das necessidades e exigências.

### 2.2 TEORIA DA REDE DE DISTRIBUIÇÃO DE ÁGUA

E. Pacchin, S Alivisi e M Franchini referiram que este estudo compara diferentes métodos recentemente propostos para simulações instantâneas de redes de distribuição de água com pressão utilizando a interface do software EPANET e propõe um novo método. O método proposto baseia-se na inserção de uma sequência de dispositivos que consistem numa válvula de uso geral (GPV), uma junção fictícia, um alcance com uma válvula de retenção e um reservatório em cada nó de procura de água. Em geral, os dispositivos utilizados são um reservatório, vários tipos de válvulas (por exemplo, Válvula de Controlo de Caudal (FCV), Válvula Redutora de Pressão (PRV) e uma conduta com uma Válvula de Retenção (CV), que são utilizadas para evitar o fluxo inverso. Os métodos utilizados PRV - E e FCV - CV0 - R do EPANET não conseguiram alcançar a união, mostraram-se compatíveis com a utilização da PSV e o EPANET convergiu para soluções muito semelhantes entre si e caracterizadas por erros médios e máximos quando comparados com os resultados obtidos pelo algoritmo PD.

Md N. Almasari (2014) apresentou um relatório que descreve a simulação da rede de distribuição de água EPANET e a conceção óptima da rede de distribuição de água. Uma rede de distribuição de água é constituída por um certo número de ligações ligadas entre si para formar circuitos ou ramificações. Estas ligações contêm bombas, acessórios, válvulas, etc. O princípio principal da rede é a preservação da energia para todos os caminhos em torno de um circuito fechado entre nós de grau fixo Perda de energia em condutas - fórmula de Hazen William. As principais propriedades de entrada para os tanques são a elevação do fundo, o diâmetro (ou a forma, se não for cilíndrica), os níveis de água inicial, mínimo e máximo e a qualidade inicial da água. Os principais resultados calculados são a altura manométrica total (elevação da superfície da água) e a qualidade da água.

Silvia Meniconi SilviaMeniconi, BrunoBrunone, KobusvanZyl e ElisaMazzettia (2017) explicaram que a competição Aqualibrium é uma maneira fácil de aprender o abastecimento e distribuição de água. O EPANET foi usado para simular o comportamento da rede Aqualibrium, mas os resultados mostraram algumas discrepâncias entre os testes de laboratório e as simulações numéricas em algumas condições de fluxo. O objetivo do concurso Aqualibrium é distribuir um determinado volume de forma equitativa entre três reservatórios colocados em três nós de uma grelha de 16 nós, utilizando uma rede de condutas. Durante a simulação, ocorrem dois tipos de fases: em primeiro lugar, as perdas de carga locais são desprezadas, para orientar a rede e avaliar a rede de distribuição do caudal. Na segunda fase, as perdas de carga locais são tidas em conta, associando o coeficiente de perda de carga local ao tubo situado a jusante da perda de carga local. O objetivo da segunda fase é aperfeiçoar a análise da dissipação de energia, considerando tanto o atrito como as perdas de carga locais. No EPNAT, as perdas por atrito são calculadas utilizando a fórmula de Darcy-Weisbach. Em particular, vale a pena investigar as discrepâncias entre as simulações laboratoriais e numéricas efectuadas através do EPANET. As possíveis razões para as diferenças apresentadas podem estar relacionadas com dois aspectos importantes: i) a avaliação das perdas de carga locais e ii) os efeitos dos erros na abordagem de simulação de período alargado.

Diogo Moreira da Costa (2008) relatou em "Simulação de Concentrações de Contaminantes em Sistemas de Distribuição de Água Potável" que o principal objetivo deste trabalho é o desenvolvimento de ferramentas de software para efetuar a avaliação de concentrações de contaminantes em sistemas de distribuição de água potável. Foi criada uma aplicação informática acoplando o software EPANET com código visual basic desenvolvido em Visual Basic for Applications. O EPANET foi utilizado para efetuar os cálculos hidráulicos e encontrar a sequência de cálculo para a avaliação das concentrações de contaminantes ao longo da rede. Este trabalho apresenta vários objectivos para avaliar o software EPANET para estudar a concentração de contaminantes ao longo das redes do sistema de distribuição. O esquema desta tese consiste na introdução, modelação e simulação da contaminação da rede de distribuição de água potável, concentração dos contaminantes e análise dos dados hidráulicos utilizando o software EPANET.

Shivalingaswami.S.Halagalimath, H. Vijaykumar e Nagaraj e J.S Patil (2016) apresentaram um estudo sobre a rede de distribuição de Bagalkot, esta rede tem 186 ligações, 120 nós e 01 reservatório. A rede é esqueletizada com representação da direção do fluxo. O estudo de qualquer rede de distribuição de água inclui a determinação das quantidades de caudal e das perdas de carga nas várias linhas de tubagem, e a pressão de equilíbrio resultante em várias solicitações nas junções da rede. No final da análise, verificou-se que as pressões resultantes em todos os nós e as velocidades das ligações são suficientemente satisfatórias para fornecer água à zona de estudo.

Bellgalmano Low (2012) referiu que o aumento do número de populações com a melhoria dos padrões de vida das comunidades. Este aumento da procura de água nas zonas rurais levou a que se tomasse a decisão de satisfazer todos os requisitos de modernização do abastecimento de água existente e novo. O objetivo deste estudo é desenvolver um modelo hidráulico que possa ser utilizado como instrumento de gestão do sistema de distribuição de água e verificar a capacidade de abastecimento da conduta principal de água proposta para Bau-Lundu. A análise da modelação hidráulica para a conduta principal proposta é efectuada utilizando o software EPANET. Os objectivos do projeto são o desenvolvimento de uma ferramenta de gestão do abastecimento de água através da criação de um modelo hidráulico da conduta principal selecionada para um sistema de distribuição de água e da utilização do EPANET para verificar a capacidade de transporte de água. Os dados para a aplicação do modelo são obtidos a partir do relatório do projeto preliminar. O estudo incide sobre o sistema de distribuição de água para o projeto de abastecimento de água rural denominado "The Proposed Bau-Lundu-Sematan Regional Water Supply Scheme".

Adil nadeem Hussain, N. S. Patil e A. V Shivapur (2017) apresentaram a remodelação da rede existente na Zona 20 da cidade de Gulbarga. A rede existente é antiga e ineficiente no fornecimento de água com a pressão desejada aos consumidores, a remodelação da rede é efectuada utilizando a EPANET e o Programa Loop. A conservação da energia e a equação da continuidade são os princípios básicos em que se baseia a análise da rede EPANET. A equação da continuidade implica que "a soma algébrica dos caudais nos tubos que se encontram num nó, juntamente com quaisquer caudais externos, é zero. A equação de Hazen - William para a perda de carga é uma das equações incluídas no software para o cálculo da perda de carga devido ao atrito. Sobre o programa LOOP, o LOOP versão 5.0 é um programa que foi desenvolvido pelo Banco Mundial e é um programa escrito em BASIC e é um programa orientado por menus. Envolve a simulação do comportamento hidráulico de uma determinada rede de distribuição de água. O conceito em que se baseia o programa LOOP é o mesmo do EPANET, ou seja, satisfazer a equação da continuidade e a teoria da conservação da energia. Comparado com o EPANET, o programa LOOP obteve mais diâmetros de tubagem, mas a cabeça de pressão com o EPANET foi superior à do programa LOOP. A eficiência do EPANET é superior à do programa LOOP e o custo da estimativa difere em cerca de RS 3000/-.

Harsh Srivastava, Anupam Singhal(2014) descreveram na sua tese de projeto a rede de distribuição de abastecimento e optimizam a rede utilizando o software EPANET, minimizando a perda de carga e diminuindo o custo das condutas. A modificação da rede para manter a sua utilização. A população do campus aumentou, o que levou a uma grande procura na rede. O principal objetivo é diminuir a perda de carga, uma vez que as condutas são colocadas sob a estrada, a colónia e as casas individuais, o que resulta numa perda de carga elevada e numa utilização elevada da bomba.

S. Chandramouli e P. Malleswararao (2011) referiram que a maior parte dos reservatórios utilizam a EPANET como análise para a sua otimização. Minimização do custo da rede e minimização da utilidade, também explicou sobre a combinação da caixa de ferramentas do algoritmo genético para analisar a rede. O EPANET funciona com a altura manométrica total, a perda de altura, a procura em cada nó e as velocidades em todas as ligações da rede. Os resultados obtidos são a elevação em cada nó, a linha de gradiente hidráulico mínimo e a procura em cada nó.

Darshan Mehta, Krunal Lakhani, Divya Patel e Govind Patel (2014) descreveram um estudo da rede de distribuição de água na "zona limbayath" utilizando o software EPANET. Como a zona limbayath enfrenta o problema da quantidade de água devido a flutuações na queda de pressão em diferentes junções, a fim de manter o abastecimento contínuo para 1, 22.560 pessoas. Esta tese preparou um relatório sobre a rede de junções, no qual podemos conhecer a elevação da junção, a procura de água e a qualidade inicial da água, e também sobre o relatório de tubagens, através do qual podemos conhecer o caudal, a velocidade e a perda de carga das 42 tubagens presentes na rede. Utilizando o EPANET, podemos concluir que o caudal e a velocidade da água fornecida a esta zona são adequados e que não há problemas no caudal e no abastecimento de água.

Philip R Page (2016) referiu que o software de domínio público EPANET serve para estudar o caudal e a pressão inalterados à medida que a procura de água varia e a velocidade de descarga da bomba. Outra área do mesmo trabalho de otimização inteligente matemática, e qual a sensibilidade de vários conjuntos de parâmetros, o diâmetro do tubo é de maior sensibilidade, a rugosidade do tubo é de sensibilidade média e o comprimento é de menor sensibilidade. Existe uma relação entre as variações dos vários parâmetros da tubagem para as fórmulas de Hazen William e Chezy-manning para a perda de fricção maior da tubagem. Este estudo fornece a exatidão dos parâmetros de sensibilidade durante os campos e na outra fonte de dados dos parâmetros. Estes estudos podem ser efectuados utilizando o software de domínio público EPANET.

A. E. Adeniran e M. A Oyelowo (2013) apresentam a rede de distribuição de água da Universidade de Lagos, Nigéria, em África, que foi concebida e construída em 1982, quando a população era de cerca de 12 000 habitantes. A população atual da Universidade é de cerca de 85 000 habitantes, mas não se verifica um aumento significativo da rede de distribuição de água, tendo a procura de água aumentado para 10,7 milhões de litros por dia per capita. Existe um défice de 7 milhões de litros por dia per capita nessa universidade. Neste contexto, foi efectuada uma análise exaustiva utilizando o software EPANET, em que a teoria da rede de distribuição de água adoptada é o método cruzado Hardy para determinar o caudal e a pressão na rede. Utilizando o EPANET, a rede é analisada facilmente. Os dados necessários são os dados da população, mapas universitários, registos de abastecimento de água de 1991 a 2012 e o esquema de distribuição de água existente. As necessidades dos pontos nodais baseiam-se nas necessidades de água da população, nas necessidades de incêndio, nas perdas menores e na água não contabilizada. A análise revelou uma lacuna entre o atual abastecimento de água e a procura de água na universidade. A análise da distribuição de água existente mostra uma rede pouco eficiente, o que é a razão da falta de abastecimento de água à maior parte da universidade. As pressões nos nós são geralmente baixas e a quantidade de água que circula nalgumas condutas é inadequada.

Shie-Yui Liong e Md Atiquzzaman (2014) referiram que a EPANET é um estudo que permite tratar tanto a simulação em estado estacionário como a simulação em período alargado e está associada a um algoritmo de otimização, a uma avaliação complexa baralhada. Rede de avaliação complexa baralhada. Este estudo mostra que a evolução complexa baralhada é computacionalmente muito mais rápida do que outros algoritmos (GA, recozimento simulado, GLOBE e salto de sapo baralhado). O principal objetivo deste estudo é comparar o desempenho da evolução complexa baralhada

em termos de precisão de previsão e velocidade de cálculo com o GA. As principais preocupações são obter a solução óptima com um custo de conceção mínimo e uma altura de pressão mínima. O SCE foi associado a outras técnicas de otimização diferentes         , como a EPANET.

evolution e outros softwares.

Annelies De Corte e Kenneth Sorensen (2013) afirmaram que o problema de otimização do projeto da rede de distribuição de água (WDND) consiste em encontrar o material e o diâmetro de cada tubo da rede, de modo a que o custo total da rede seja minimizado sem violar quaisquer restrições hidráulicas. Trata-se de um problema de otimização combinatória difícil, em que as variáveis de decisão são discretas e tanto a função de custo como as restrições são não lineares. Neste estudo foram observadas duas falhas significativas que são arte no campo da otimização do projeto da rede de distribuição de água: a primeira é que os métodos desenvolvidos não se baseiam nos princípios estabelecidos do projeto heurístico (matemático) e a segunda é que os métodos desenvolvidos não são adequadamente testados. O domínio da conceção de redes de distribuição de água está atualmente a avançar para o desenvolvimento de algoritmos para problemas mais complexos, que já não são alimentados por gravidade e em que as operações de bombas e válvulas são explicitamente consideradas. Esses problemas, sendo consideravelmente mais difíceis do que os problemas simples alimentados por gravidade discutidos neste documento, exigem métodos ainda mais eficientes. Por conseguinte, é imperativo que as futuras heurísticas para a conceção de problemas mais complicados de otimização da rede de distribuição de água sejam desenvolvidas de acordo com os princípios de conceção heurística estabelecidos e sejam testadas num conjunto adequado de problemas difíceis.

Megan L. Abbott (2012) fala sobre qual o ciclo que é fornecido à rede que mais beneficia, nos seus dois métodos de ciclo são fornecidos: um ciclo baseia-se no número total de utilizadores beneficiados e o outro nos utilizadores susceptíveis de serem beneficiados. É apresentado um estudo de caso utilizando a rede de distribuição de água de Medina Bank Village, Belize. Verificou-se que a formação de circuitos em condutas a montante ligadas à linha principal tinha a probabilidade de beneficiar o maior número de utilizadores. Muitos factores afectam a conceção de uma rede de distribuição de água - ambientais, financeiros e legais, para citar alguns. Em áreas onde o fator limitante é económico, o número de recursos utilizados num projeto será restringido de forma a limitar a taxa do sistema. Reconhecer os possíveis laços, comprimentos e números que dão um diâmetro razoável. Feche um dos documentos sobre laços e execute a simulação. Ambos os critérios de utilização dão resultados semelhantes. Neste caso, as tubagens actuais a montante e a jusante foram substituídas por tubagens de maior diâmetro, de modo a aumentar a perda de carga e satisfazer a sua procura.

G. Venkata ramana, Ch V. S. S Sudheer e B. Rajasekhar (2015) afirmam que, para garantir a disponibilidade de uma quantidade suficiente de água de boa qualidade para as várias secções da comunidade, de acordo com a procura, o software EPANET é o mais popular e conveniente para a conceção eficaz de redes de condutas complexas. Este documento destaca apenas a conceção e distribuição eficazes da rede de tubagens utilizando a ferramenta EPANET. A altura manométrica residual em cada nó foi determinada tendo como entrada a elevação. A metodologia adoptada consiste em preparar o esquema com os dados disponíveis, importar o ficheiro AUTO CAD para a ferramenta EPANET, fixar a procura total do reservatório, atribuir as unidades, fixar a fórmula da perda de carga, atribuir as propriedades da rede, como o diâmetro, o comprimento, a rugosidade, etc., e executar a análise hidráulica. Os resultados obtidos são superiores a 7 metros. A rede projectada também pode suportar um aumento de 5% da população em vez de 1%, como considerámos na conceção do esquema.

# CAPÍTULO - 3

## ANTECEDENTES TEÓRICOS

### 3.1 PROCURA DE ÁGUA

A quantidade de água necessária para a conceção da rede de abastecimento de água de uma cidade.

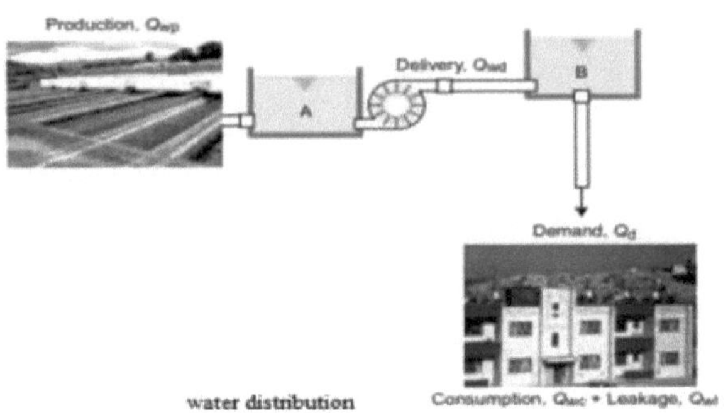


**Fig 3.1 Transporte de água num sistema de abastecimento**

O transporte de água na rede de distribuição de água depende da taxa de produção, entrega, consumo e fugas. Os tipos de necessidades de água são os seguintes. Transporte de água num sistema de abastecimento, como mostra a figura 3.1.

### 3.1.1 Procura doméstica de água

Quantidade de água necessária para uso doméstico da comunidade atual. Na Índia, em média, o consumo doméstico de água é de 135 Ipcd em condições normais, de acordo com a norma 1172-1993. Mas o consumo total desta procura é de apenas 55 a 60 %. O consumo doméstico médio de água numa comunidade indiana e os níveis máximos de abastecimento de água são apresentados nos quadros 3.1 e 3.2 abaixo.

**Quadro 3.1 Consumo doméstico médio de água numa comunidade indiana**

| S. NÃO | Utilização | Consumo | |
|---|---|---|---|
| | | **LIG (Ipcd)** | **HIG(Ipcd)** |
| 1 | Beber | 5 | 5 |
| 2 | Cozinhar | 5 | 5 |
| 3 | Tomar banho | 55 | 75 |
| 4 | Lavagem de panos | 20 | 25 |
| 5 | Limpeza dos utensílios | 10 | 15 |
| 6 | Limpeza de casas e residências | 10 | 15 |
| 7 | Descarga de autoclismos | 30 | 45 |
| 8 | Jardinagem | | 15 |
| | Total | **135** | **200** |

**Quadro 3.2 Níveis máximos de abastecimento de água**

| S. NÃO. | Classificação da cidade ou vila | Nível máximo recomendado de abastecimento de água (lpcd) |
|---|---|---|
| 1 | Cidade com abastecimento de água canalizada sem rede de esgotos | 70 |
| 2 | Cidades com abastecimento de água canalizada | 135 |

| | quando existe rede de esgotos | |
|---|---|---|
| 3 | As metrópoles e as megacidades dispõem de abastecimento de água canalizada quando existe um sistema de esgotos | 150 |

### 3.1.2 Procura para utilização pública
Para satisfazer as necessidades de água para uso público, é prevista uma percentagem de 5% do consumo total aquando da conceção das obras de abastecimento de água da cidade.

### 3.1.3 Procura de incêndios
A pressão mínima de água necessária para as bocas de incêndio deve ser da ordem de 1 a 1,5 $kgf/cm^2$ e deve manter-se durante 4 a 5 horas de utilização constante das bocas de incêndio.

### 3.1.4 Procura de perdas compensadas
As perdas compensadas são de 15 a 20 % da quantidade total de água, sob a forma de furtos, fugas e desperdício de água.

## 3.2 MÉTODOS DE ABASTECIMENTO DE ÁGUA
O abastecimento de água desde a fonte até ao consumidor é de dois tipos

### 3.2.1 Abastecimento contínuo de água
O sistema contínuo de abastecimento de água é conseguido através do fornecimento de água durante todo o ano ou todos os dias sem falhas. As dimensões das condutas são mais reduzidas e o risco de incêndio pode ser resolvido a tempo. Mas as fugas devem ser controladas. Para fornecer uma quantidade abundante de água, este tipo de sistema é utilizado.

### 3.2.2 Abastecimento de água intermitente
O sistema intermédio de abastecimento de água é conseguido através do fornecimento de água a diferentes zonas, mantendo a pressão positiva e o tempo de fornecimento. As reparações e a manutenção do sistema podem ser efectuadas fora do período de abastecimento.

## 3.3 MÉTODOS DE DISTRIBUIÇÃO
Para que o sistema de distribuição de água seja eficiente, é necessária uma pressão de água adequada em vários pontos. Dependendo do nível da fonte, da topografia da área e de outras condições locais, a água pode ser forçada a entrar no sistema de distribuição das seguintes formas.

### 3.3.1 Sistema de gravidade
O sistema de gravidade é adequado quando a fonte de abastecimento se encontra a uma altura suficiente. É o sistema de distribuição mais fiável e económico, como mostra a Fig. 3.2 abaixo. A altura de água disponível no consumidor é apenas a mínima necessária. A altura restante é consumida pelo atrito e por outras perdas menores.

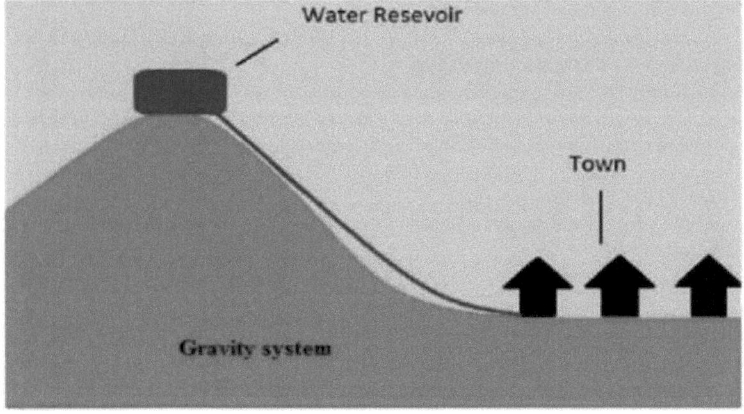


**Fig 3.2 Sistema de gravidade**

### 3.3.2 Sistema de bombagem

Neste método, a água tratada é diretamente bombeada para a rede de distribuição sem armazenamento, como mostra a Fig. 3.3. É também designado por sistema de bombagem sem armazenamento. São necessárias bombas de grande elevação. Se a alimentação eléctrica falhar, o abastecimento de água é completamente interrompido. Este método não é geralmente utilizado na prática.

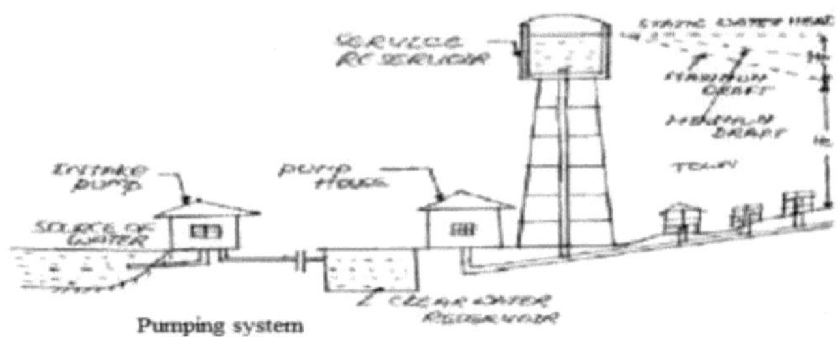


**Fig 3.3 Sistema de bombagem**

### 3.3.3 Sistema de bombagem e de gravidade

É o sistema mais comum. Neste sistema, a água tratada é bombeada e armazenada num reservatório de distribuição elevado. Depois é fornecida ao consumidor através da ação da gravidade. O excesso de água durante os períodos de baixa procura é armazenado no reservatório e é fornecido durante o período de alta procura. É um sistema económico, eficiente e fiável, como mostra a figura abaixo 3.4.

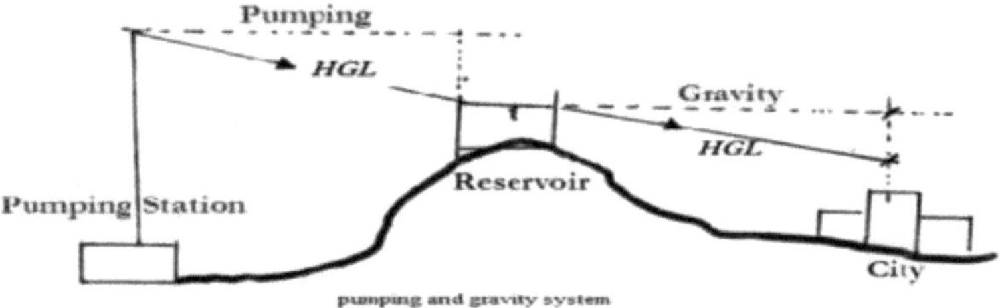


**Fig 3.4 Sistema de bombagem e gravidade**

## 3.4  ESQUEMAS DA REDE DE DISTRIBUIÇÃO

As condutas de distribuição são geralmente colocadas por baixo dos pavimentos rodoviários e, como tal, a sua disposição segue geralmente a disposição das estradas. Existem quatro tipos diferentes de redes de tubagens, qualquer uma das quais, isoladamente ou em combinação, pode ser utilizada num determinado local.

### 3.4.1 Sistema de árvore ou beco sem saída

É adequado para vilas e cidades antigas que não têm um padrão definido de estradas mostrado em Figura 3.5 abaixo.

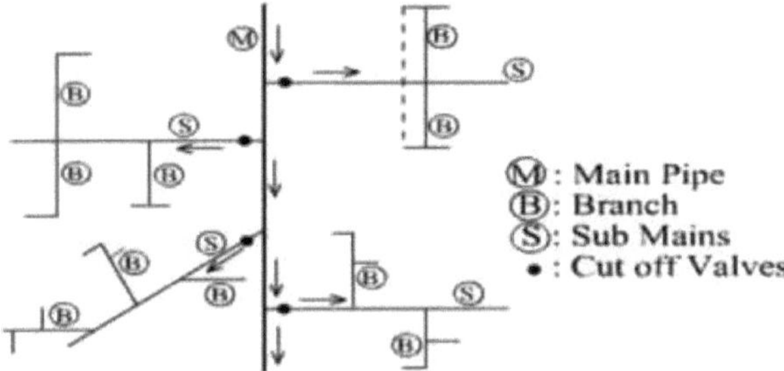


**Fig 3.5 Sistema de árvore ou beco sem saída**

- As vantagens são: Relativamente barato, cálculos simples e determinação de descargas e pressão mais fácil devido ao menor número de válvulas na rede.
- Desvantagens: Devido a muitos becos sem saída, ocorre a estagnação da água nos tubos.
- Adequado: apenas para cidades antigas, irregulares e não planeadas.

**3.4.2 Sistema radial**

O sistema radial é usado quando a área é dividida em zonas de distribuição, o reservatório é colocado no meio da rede, como mostrado na Fig 3.6 abaixo, e a água é distribuída em forma radial para a periferia da zona.

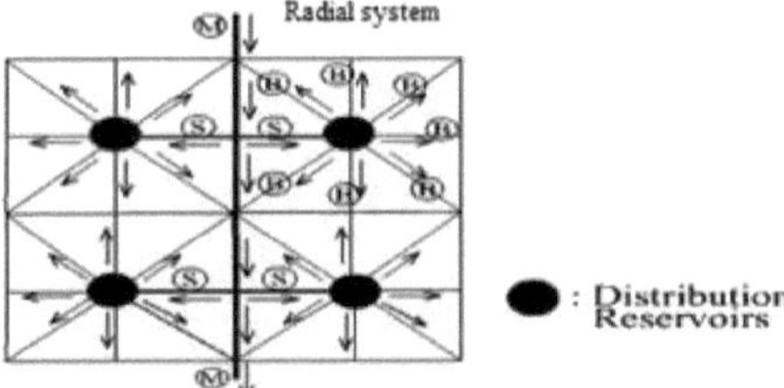


**Fig 3.6 sistema radial**

- As vantagens são: O serviço é rápido e o cálculo das dimensões dos tubos é fácil
- As desvantagens são:
- Adequado para: Cidades com estradas radiais.

**3.4.3 Sistema de ferro de rede**

É também conhecido como reticulação ou sistema entrelaçado. Neste sistema, os ramais principais e os sub-ramais estão interligados entre si, como mostra a Fig. 3.7 abaixo.

- As vantagens são: a água não pode ser poluída devido à livre circulação.
- As desvantagens são: grande número de válvulas de corte e necessidade de comprimentos maiores.
- Adequado para: cidades bem planeadas.

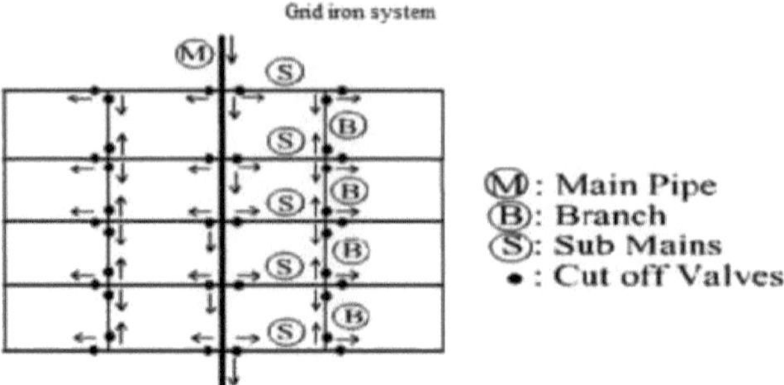



**Fig 3.7 sistema de grelha**

### 3.4.4 Sistema de anéis

As tubagens principais são colocadas perifericamente. O assentamento periférico das tubagens principais aumenta a pressão nos pontos mais afastados, como mostra a Fig. 3.7 abaixo. Este sistema também segue o sistema de rede de ferro com o padrão de fluxo semelhante ao do sistema sem saída.

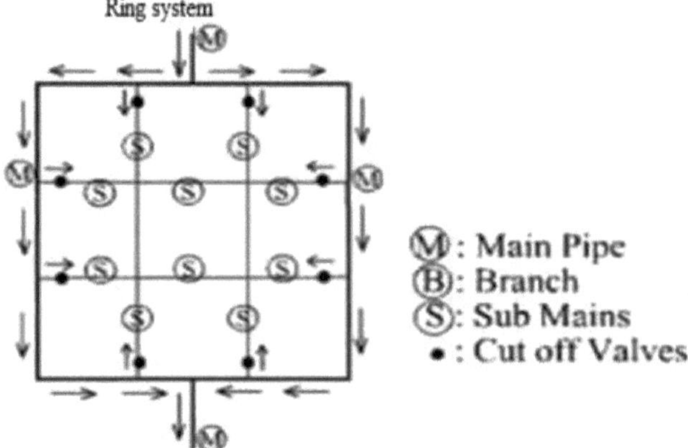



**Fig 3.8 Sistema de anéis**

- As vantagens são: A água pode ser fornecida a qualquer ponto a partir de pelo menos duas direcções.

### 3.5 PREVISÕES DEMOGRÁFICAS

O sistema de rede é normalmente projetado para necessidades futuras. O valor do caudal continua a mudar com o tempo e o valor do caudal muda devido à mudança da população com o tempo. Para chegar ao caudal projetado, é necessário fixar a capacidade do sistema. A previsão da população é necessária porque o caudal varia apenas com a população. Para chegar à população com precisão, devem ser avaliados os seguintes factores: taxas de natalidade, taxas de mortalidade, imigração, emigração, factores demográficos, factores sociais e económicos. Os métodos utilizados para prever a população são os seguintes

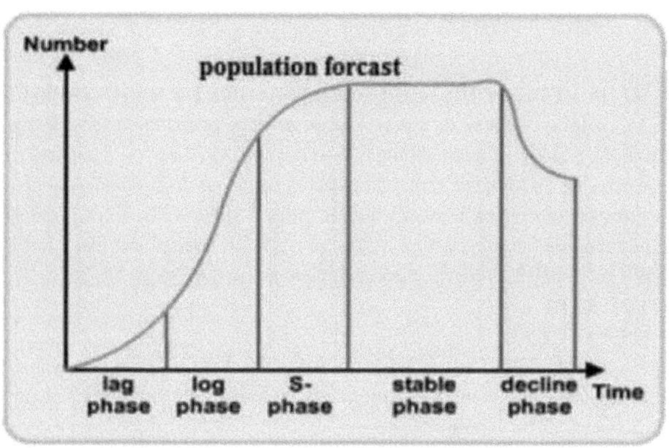


**Fig 3.9 Curva de crescimento da população**

### 3.5.1 Método do aumento aritmético

É também conhecido como método da taxa de crescimento constante. Neste método, a população futura pode ser calculada com base num aumento constante da população por década.

### 3.5.2 Método do aumento geométrico

É também designado por método de crescimento logarítmico ou método de crescimento exponencial. O método do crescimento geométrico pressupõe que a taxa de crescimento percentual é constante.

### 3.5.3 Método do aumento incremental

Neste método, a população futura da comunidade aumenta progressivamente

### 3.5.4 Método da taxa de crescimento decrescente

Quando a população se aproxima da saturação, a taxa em que a população diminui com o tempo.

### 3.5.5 Método gráfico simples

A curva é traçada entre a população e o tempo para os dados da população existente para encontrar a curva é extra traçada suavemente no futuro para calcular a população futura.

# CAPÍTULO - 4

## METODOLOGIA

### 4.1 CONCEPÇÃO DA REDE DE DISTRIBUIÇÃO DE ÁGUA DE RAMNARESH NAGAR

O projeto da rede foi realizado na rede de abastecimento de água potável que serve Ramnaresh nagar, que fica perto de Kukatpally, a área de estudo abrange 92 631 m² (997 077 pés² ). A capacidade do reservatório da fonte de distribuição é de 50 MGD. A rede é constituída por tubos de diferentes diâmetros (100 mm, 150 mm e 200 mm) e estes são colocados numa mistura de redes do tipo grelha e beco sem saída ou árvore. O comprimento total da rede de tubagens é de 3,22 km. O LWL do reservatório que é utilizado nos cálculos do EPANET é de 601 m. O MWL do reservatório é tomado como 605,3m do MSL.

### 4.2  O MODELO DE REDE

#### 4.2.1 Instalação do EPANET 2.0

O EPANET 2.0 foi concebido para ser executado no sistema operativo Windows. É distribuído como um único ficheiro, en2setup.exe, que contém um programa de instalação auto-extraível. Instale o EPANET selecionando a opção executar no Windows.

#### 4.2.2 Abertura do projeto

Para modelar a rede, um ficheiro de projeto contém todas as informações.    Clique em nova opção    que está presente no ficheiro a       partir da        barra de ferramentas       ou        clique em  presente na        barra de ferramentas padrão       . É criado um novo projeto sem nome com todas as opções definidas para os valores predefinidos. Um novo projeto

**projeto criado automaticamente ao abrir o EPANET. O projeto é guardado clicando no** botão **que está presente na barra de ferramentas padrão.**

#### 4.2.3 Analisar uma rede

Nesta análise da rede de distribuição, tal como se mostra na Fig. 4.1, esta consiste num reservatório de origem a partir do qual a água é distribuída por bombagem para uma rede de tubagens de dois laços. Há também um tubo que conduz a um tanque de armazenamento que flutua no sistema. As etiquetas de identificação dos vários componentes são mostradas na Fig 4.1. Além disso, a bomba (Ligação 9) pode fornecer 150 pés de altura a um caudal de 600 gpm, e o tanque (Nó 7) tem um diâmetro de 60 pés, um nível de água de 3,5 pés e um nível máximo de 20 pés.

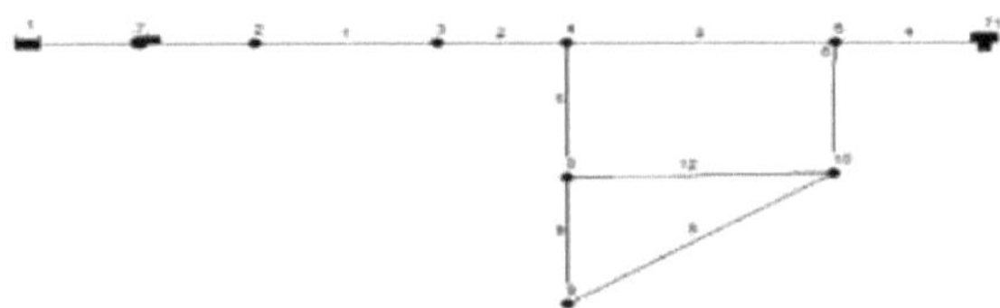

**Fig 4.1 Esquema da rede de tubagens**

Os nós da rede têm as caraterísticas indicadas no Quadro 4.1. As propriedades dos tubos estão listadas na Tabela 4.2.

**Tabela 4.1 Propriedades do nó de rede**

| Nó | Elevação (ft) | Necessidade (gpm) |
|---|---|---|
| 1 | 600 | 0 |
| 2 | 601 | 0 |
| 3 | 610 | 170 |
| 4 | 590 | 170 |
| 5 | 550 | 250 |
| 6 | 600 | 170 |
| 7 | 600 | 0 |

| 8 | 7500 |  |  |

Tabela 4.2 Propriedades dos tubos de rede

| Tubo | Comprimento (ft) | Diâmetro (polegadas) | Fator C |
|---|---|---|---|
| 1 | 3000 | 14 | 120 |
| 2 | 4000 | 12 | 120 |
| 3 | 5000 | 8 | 120 |
| 4 | 2000 | 8 | 120 |
| 5 | 3000 | 8 | 120 |
| 6 | 4000 | 6 | 120 |
| 7 | 5000 | 6 | 120 |
| 8 | 1000 | 8 | 120 |

### 4.2.4 Criação do projeto

Em primeiro lugar, crie um novo projeto no EPANET e certifique-se de que todas as opções predefinidas estão selecionadas. Selecione o ficheiro Novo (na barra de menus) para criar um novo projeto. Em seguida, selecione o projeto apresentado na Fig. 4.2 no círculo. Predefinições para abrir o formulário de diálogo apresentado na Fig. 4.2. Utilize esta caixa de diálogo para que o EPANET rotule automaticamente os novos objectos com números consecutivos a partir de 1 à medida que são adicionados à rede. Na página Etiquetas de identificação da caixa de diálogo, desmarque todos os campos Prefixo de identificação e defina o Incremento de identificação para 1. Em seguida, selecione a página Hidráulica da caixa de diálogo e defina a opção Unidades de caudal para Ips e selecione também "Hazen-Williams" como fórmula de perda de carga. Se quiser guardar estas escolhas para todos os novos projectos, pode selecionar a caixa Guardar na parte inferior do formulário antes de as aceitar clicando no botão OK.

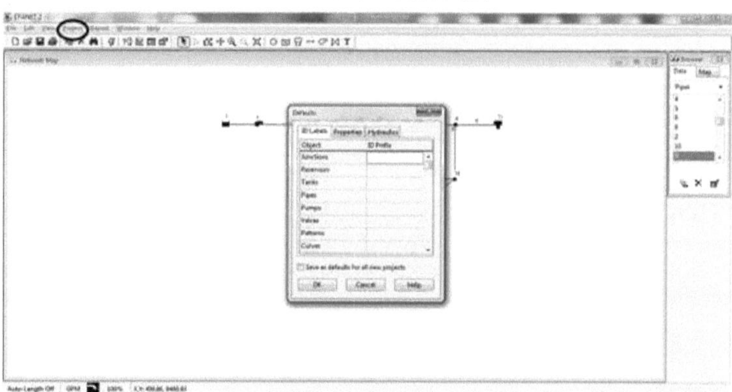

Fig 4.2 Diálogo predefinido do projeto

Em seguida, selecione a vista, opções mostradas na Fig 4.2 acima para obter o formulário de diálogo das opções do mapa. Selecione a página de notação no formulário e verifique as definições. Clique na página de símbolos e selecione todas as caixas e clique em ok.

### 4.2.5 Desenhar a rede

Agora, desenhe a rede utilizando os botões presentes na barra de ferramentas do mapa, mostrada na Fig. 4.3.

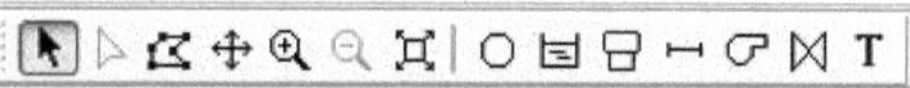

**Fig 4.3 Barra de ferramentas do mapa**

**Primeiro, adicione o reservatório clicando no botão do reservatório** no mapa no local pretendido.

Em seguida, adicione o nó de junção clicando no botão de junção no mapa no local pretendido locais.

Por fim, adicione o tanque clicando no botão do tanque 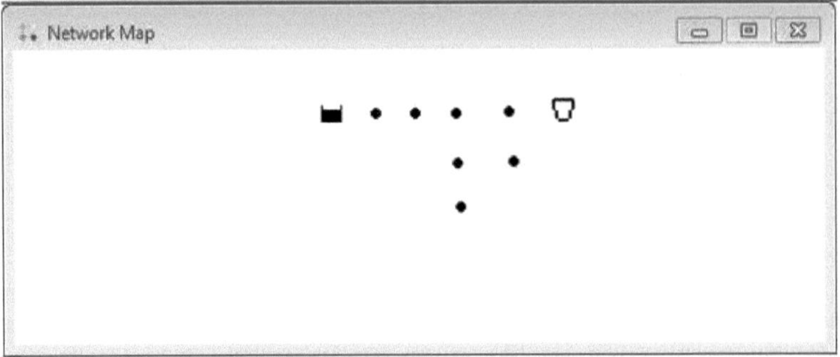 e clique no mapa onde ele está localizado. Nesta altura, o diagrama de rede tem o aspeto da Fig. 4.4.



**Fig 4.4 Mapa da rede após a adição de nós**

De seguida, vamos adicionar os tubos. Comece com o tubo 1 que liga o nó 2 ao nó 3. Primeiro, clique no botão Pipe na barra de ferramentas. Em seguida, clique com o cursor no nó 2 do mapa e depois no nó 3. Repare como é desenhado um contorno do tubo à medida que move o rato do nó 2 para o 3. Repita este procedimento para os tubos 2 a 7.

Por fim, adicione a bomba no início da tubagem, clicando no botão da bomba e clique no nó 1 e depois no nó 2. Selecione o botão de texto presente na barra de ferramentas do mapa para escrever algo, escreva o texto e depois introduza. Em seguida, clique no botão de seleção na barra de ferramentas para colocar o mapa no modo de seleção de objectos. O mapa da rede tem o aspeto da Fig. 4.4 acima.

### 4.2.6 Definir as propriedades do objetivo

Atribuir o conjunto predefinido de propriedades à medida que os objectos são adicionados a um projeto. Selecione o objeto no Editor de Propriedades para alterar o valor de uma propriedade específica de um objeto, como mostra a Fig. 4.5 abaixo. Isto pode ser feito clicando duas vezes no objeto no mapa ou clicando com o botão direito do rato no objeto e selecionando propriedades no menu pop-up que aparece.

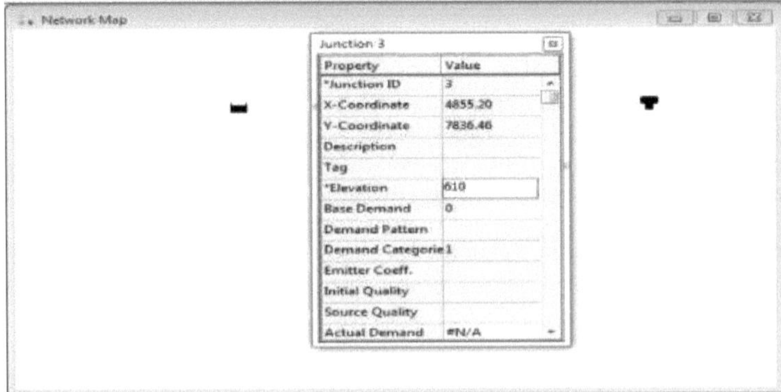


**Fig 4.5 Editor de propriedades**

Em seguida, criar a curva da bomba, na página de dados da janela do browser, selecionar a curva de caixa de listagem suspensa e clique        no botão de curva . Desta forma, uma        nova curva1        será        adicionada a

A base de dados e o formulário de diálogo do editor de curvas aparecerão como mostrado na Fig. 4.6 abaixo.

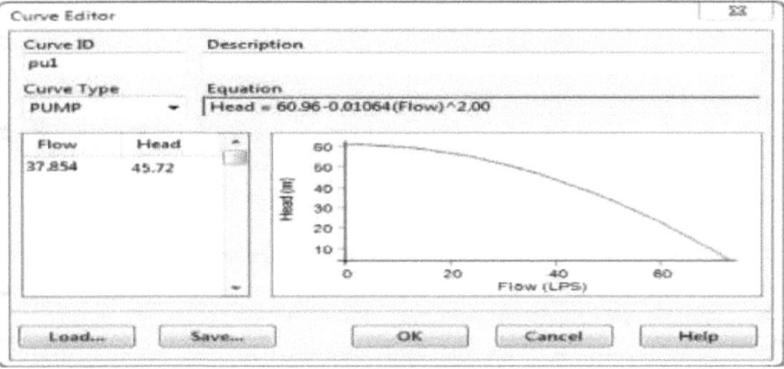


**Fig 4.6 Editor de curvas**

### 4.2.7 Guardar e abrir projectos

Guardar o nosso trabalho num ficheiro após a conclusão do desenho inicial da nossa rede. A partir do menu Ficheiro, selecione a opção Guardar como, selecionando uma pasta e dando um nome ao ficheiro com o qual pretende guardar este projeto. Os dados do projeto são guardados no ficheiro em formato binário. Se for necessário transformá-los em formato de texto, guarde os dados do projeto no ficheiro como texto compreensível e exporte o ficheiro. Para abrir o projeto guardado, seleccionamos a opção Abrir no menu Ficheiro.

### 4.2.8 Execução de uma análise de período único

Executar agora o projeto para uma análise hidráulica de um único período na rede. Para executar a análise, execute o programa clicando em executar, que está presente na barra de ferramentas padrão, ou vá para visualizar nas barras de ferramentas e selecione padrão na barra de menus. Se a execução não for bem sucedida, aparece uma janela de Relatório de Estado indicando qual o problema presente no projeto. Se a execução for bem sucedida, pode ver os resultados.

Selecione Pressão do nó no Mapa do navegador e observe como os valores de pressão nos nós ficam codificados por cores. Aceda ao Editor de propriedades fazendo duplo clique em qualquer

nó ou ligação e anote como os resultados são obtidos no final da lista de propriedades. Para obter uma

listagem tabular dos resultados, clique no botão        que está presente na barra de ferramentas padrão. A Fig. 3.16 abaixo apresenta uma tabela com os resultados da ligação deste ensaio. Observe o caudal com sinais negativos indicado na Fig. 4.7 abaixo, o que significa que o caudal está na direção oposta à direção em que o tubo foi desenhado inicialmente.

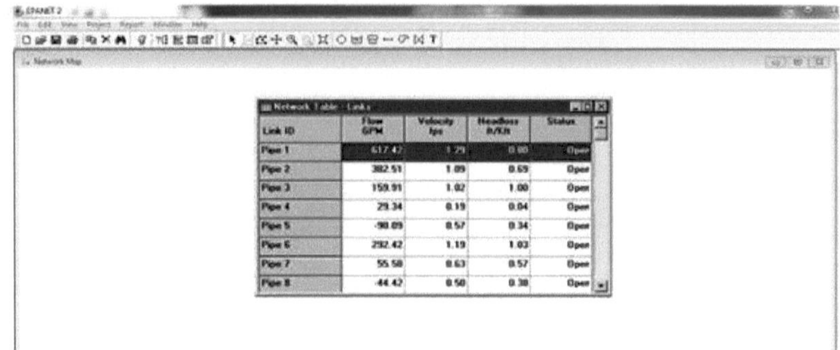

**Fig 4.7 Tabela do resultado da ligação**

### 4.2.9 Executar uma análise de período alargado

Um período de funcionamento prolongado criará um Padrão de lira' que faz com que as exigências nos nós variem de forma periódica ao longo de um dia. Utilize um passo de tempo de padrão de 6 horas para fazer variar as exigências cl кише em quatro momentos diferentes do dia. Definimos o passo de tempo do padrão selecionando Opções-Tempos no Navegador de Dados, para fazer aparecer o Editor de Propriedades clique no botão Editar do Navegador, e introduzindo 6 para o valor do Passo de Tempo do Padrão como mostrado na Fig 4.8 abaixo. Enquanto temos as Opções Tira disponíveis, também podemos definir a duração para a qual queremos que o período alargado seja executado.

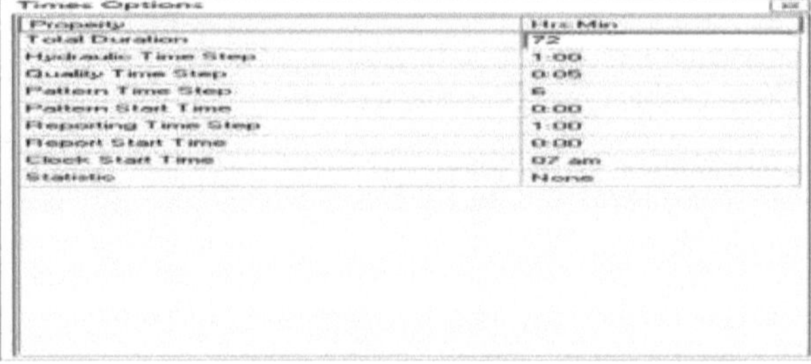

**Fig 4.8 Opção de tempo**

Para criar o padrão, clique na categoria Padrões no Navegador e, em seguida, clique no botão Adicionar. Um novo Padrão será criado e a caixa de diálogo Editor de Padrão deve aparecer como mostrado na Fig 4.9 abaixo. Introduza os valores multiplicadores de vida 0,5, 1,3, 1,0 e 1,2 para os períodos de tempo 1 a 4 para dar ao nosso padrão uma duração de 24 horas. Os multiplicadores são utilizados para modificar a procura de chá a partir do seu nível de base em cada período de tempo. Como estamos a fazer uma execução de 72 horas, o padrão voltará ao início após cada intervalo de tempo de 24 horas.

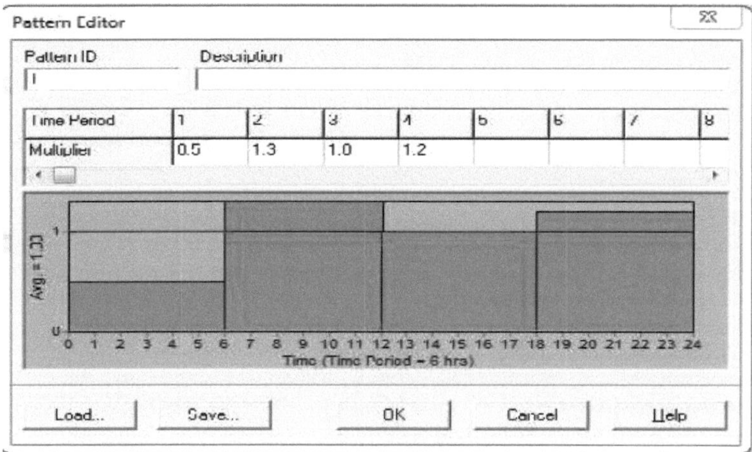

**Fig 4.9 Editor de padrões**

Agora, atribua o Padrão 1 à propriedade Padrão de procura de todos os nós da rede. Podemos utilizar uma das opções hidráulicas do EPANET para evitar ter de editar cada nó individualmente e para abrir o Padrão por defeito presente no Editor de propriedades. Se definirmos o seu valor igual a 1, o padrão de procura em cada nó será igual ao padrão 1. Em seguida, execute a análise clicando no botão que está presente na barra de ferramentas padrão. Para uma análise de período alargado, tem mais algumas ondas para visualizar os resultados. A barra de deslocamento para visualizar o mapa da rede em diferentes pontos no tempo está presente no controlo de tempo do navegador. Isto é feito selecionando o parâmetro do nó Pressões e Fluxo como factores de ligação. Adicionar setas de direção do caudal à rede: ir para a opção de visualização e selecionar a página da seta de caudal na opção de mapa do registo de dados. A rede pode ser animada para observar a alteração da direção do fluxo através da tubagem ligada ao depósito, à medida que o depósito enche e esvazia ao longo do tempo.

### 4.2.10 Criar um gráfico de séries cronológicas

O gráfico de séries temporais pode ser criado em qualquer nó ou ligação para ver como a elevação da água no tanque muda com o tempo. Ao clicar no tanque, selecione o relatório no gráfico, clicando no botão do

gráfico ![] : presente na barra de ferramentas.

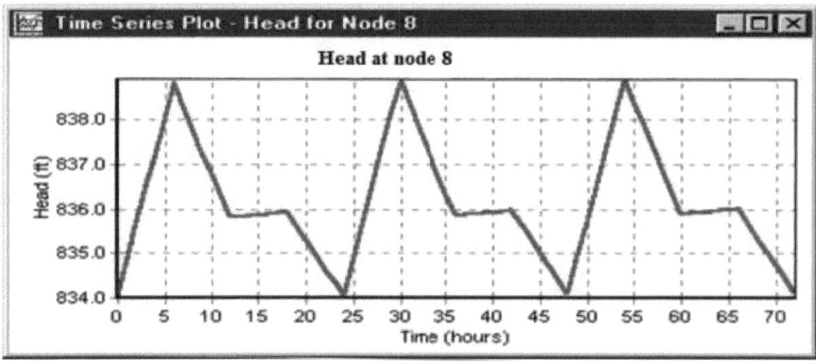

**Fig 4.10 Gráfico de séries temporais.**

Em seguida, selecione séries cronológicas e selecione cabeça como parâmetro a representar. Em seguida, clicar em OK. Observe o comportamento periódico da elevação da água no tanque ao longo do tempo e, em seguida, o gráfico da série temporal pode ser obtido em qualquer nó, como mostra a Fig 4.10 abaixo.

## 4.3  MODELO DE REDE

O modelo de rede descreve os diferentes parâmetros dos objectivos físicos do EPANET. Apresenta uma visão geral dos métodos computacionais utilizados pelo EPANET para a simulação do comportamento hidráulico e da qualidade da água.

### 4.3.1 Componente física.

Um sistema de distribuição de água é constituído por ligações ligadas aos nós. Os tubos, as bombas, o controlo e as válvulas são representados por ligações, enquanto as junções, os tanques e os reservatórios são representados por nós. Estes objectos são ligados para formar uma rede.

### 4.3.1.1 Junção

O entroncamento é um ponto onde as ligações se unem e a água entra e sai da rede. A junção necessita de dados de entrada básicos como: Elevação (acima do nível médio do mar), demanda de água e qualidade inicial da água para simulação dos resultados de saída computados para as junções são: Pressão, cabeça hidráulica e qualidade da água.

### 4.3.1.2 Reservatório

Os reservatórios são os pontos nodais que representam a fonte externa de água para a rede.        O reservatório representa os lagos        ,        rios        e aquíferos subterrâneos .
representa o ponto de origem da qualidade da água. O reservatório necessita de dados básicos de entrada, como a queda hidráulica e a qualidade inicial da água. É também um ponto da rede onde a sua queda e a qualidade da água não podem ser afectadas por nenhum meio dentro da rede.

### 4.3.1.3 Tanques

Os tanques são os nós com capacidade de armazenamento, durante a simulação o volume de água armazenada pode variar com o tempo.

- Os parâmetros de entrada     para o    tanque    são a elevação do fundo , o diâmetro, o    valor    inicial, o    valor mínimo        e        o
níveis máximos de água e qualidade inicial da água.

- Parâmetros de saída para a qualidade da água do tanque e da cabeça hidráulica   .        Os tanques        são
operados com os seus níveis máximos e mínimos no EPANET param os fluxos de entrada e de saída, respetivamente.

### 4.3.1.4 Condutas

As tubagens são as condutas fechadas que transportam a água de um ponto para outro da rede. O EPANET assume que todas as condutas estão sempre completamente cheias de água. A direção do caudal é da cabeça mais alta para a cabeça mais baixa.

Os parâmetros de entrada são o diâmetro, o início, os nós finais, o coeficiente de rugosidade e o comprimento. Os resultados calculados incluem o caudal, a velocidade, a perda de carga, o fator de atrito de Darcy-weisbach, a taxa de reação média e a qualidade média da água. A perda de carga hidráulica observada num tubo devido ao atrito com as paredes do tubo pode ser calculada utilizando uma das três fórmulas abaixo indicadas.

- Fórmula de Hazen-Williams
- Fórmula de Darcy-Weisbach
- Fórmula de Chezy-Manning

**Quadro 4.3 Fórmulas de perda de carga da tubagem para caudal total**

| Fórmula | Coeficiente de resistência (A) | Expoente de fluxo (B) |
|---|---|---|
| Hazen-Williams | $4{,}727\ C'^{L!!52}\ d'^{4!!/1}\ L$ | 1.852 |
| Darcy-Weisbach | $0{,}0252\ f(s,d,q)d'\ L^{5}$ | 2 |
| Chezy-Manning | $4{,}66\ n^{2}\ d^{-}\ 5{,}3^{3}\ L$ | 2 |

em que C = coeficiente de rugosidade de Hazen-Williams indicado no quadro 4.4.

$\varepsilon$ = Coeficiente de rugosidade de Darcy-Weisbach (ft)

f = fator de atrito (dependente de s, d, e q)

n = coeficiente de rugosidade de Manning

d = diâmetro do tubo (ft)

L = comprimento do tubo (Se) q = caudal (cfs)

A fórmula de perda de carga mais utilizada nos Estados Unidos é a fórmula de Hazen-Williams. Mas só pode ser utilizada para a água e foi originalmente desenvolvida para escoamentos turbulentos. A fórmula de Darcy-Weisbach é a mais utilizada teoricamente para todos os líquidos. Aplica-se a todos os regimes de escoamento e a todos os líquidos. A fórmula de Chezy-Manning é geralmente utilizada para o escoamento em canal aberto.

A fórmula da perda de carga entre o ponto inicial e o ponto final da rede de condutas é $hi=Aq^B$

Em que A = Coeficiente de resistência

B= Exponente de fluxo são mostrados na tabela 4.3 acima

**Tabela 4.4 Coeficiente de rugosidade para tubagem nova.**

| Material | Hazen-Williams C (menos uma unidade) | Darcy-Weisbach e (pés x $10$ )$^{-3}$ | n de Manning (menos uma unidade) |
|---|---|---|---|
| Ferro fundido | 130 - 14 | 0.85 | 0.012 - 0.015 |
| Betão ou Revestimento de betão | 120 - 140 | 1.0 - 10 | 0.012 - 0.017 |
| Ferro galvanizado | 120 | 0.5 | 0.015 - 0.017 |
| Plástico | 140 - 150 | 0.005 | 0.011 - 0.015 |
| Aço | 140 - 150 | 0.15 | 0.015 - 0.017 |
| Argila vitrificada | 110 | - | 0.013 - 0.015 |

### 4.3.1.5 Bombas

As bombas são a fonte que fornece energia a qualquer líquido, aumentando a sua cabeça hidráulica. Os parâmetros de entrada são os nós inicial e final e a curva da bomba. A bomba é um dispositivo de energia constante que fornece uma quantidade constante de energia para aumentar a altura manométrica.

Os parâmetros de saída são o caudal e a altura manométrica. A EPANET não permite que a bomba funcione fora da sua gama de curvas e o caudal através da bomba é unidirecional. A bomba pode ser instalada em qualquer ligação da rede. O consumo de energia e o custo da bomba podem ser calculados pelo software EPANET.

### 4.3.1.6 Válvulas

As válvulas são as ligações que controlam o caudal ou a pressão num ponto específico da rede. Os parâmetros de entrada são a definição e o estado do diâmetro dos nós inicial e final. Os parâmetros de saída são o caudal e a perda de carga. Alguns dos seguintes tipos de válvulas são utilizados na EPANET

#### 4.3.1.6.1 Válvula redutora de pressão (PRV)

A válvula redutora de pressão (PRV) controla a pressão num ponto da rede de tubagens. O EPANET calcula em qual dos três estados diferentes uma PRV pode estar

• Parcialmente aberta ou a válvula está no modo ativo quando a pressão a montante está acima da regulação, então a regulação da pressão no seu lado a jusante é atingida.

• A válvula está completamente aberta se a pressão a montante for inferior ao valor de regulação

• A válvula está fechada se a pressão no lado a jusante for superior à pressão no lado a montante, ou seja, o fluxo inverso não é permitido

#### 4.3.1.6.2 Válvula de uso geral (GPV)

As válvulas de uso geral são utilizadas para representar uma ligação em que o utilizador fornece uma relação particular de caudal - perda de carga em vez de seguir uma das fórmulas hidráulicas padrão. Podem ser utilizadas para a extração de poço ou fluxo reduzido, turbinas modelo e válvulas de prevenção de refluxo.

#### 4.3.1.6.3 Válvula de gaveta

A válvula de gaveta é também designada por válvula de comporta e válvula de fecho. É utilizada para regular o caudal.

#### 4.3.1.6.4 Válvula de retenção

A válvula de retenção é também designada por válvula de refluxo ou válvula de não retorno. Permite que a água flua apenas numa direção.

### 4.3.2 Componentes não físicos
Os componentes não físicos estão presentes para além dos componentes físicos, a fim de descrever as caraterísticas operacionais e comportamentais do sistema de distribuição. Os tipos de objectos importantes existentes nos componentes não físicos são as curvas, os padrões e os controlos.

## 4.4 VISUALIZAÇÃO DOS RESULTADOS
### 4.4.1 Resultado do gráfico
Os resultados das análises e outros factores podem ser visualizados sob a forma de gráficos. Os gráficos são copiados para a área de transferência do Windows ou guardados como ficheiro de dados ou meta-ficheiro do Windows e podem ser impressos. Os gráficos podem ser obtidos clicando no botão Ж presente na barra de ferramentas padrão ou "abrir relatório e selecionar gráfico", clicar em OK para criar o gráfico.

### 4.4.2 Resultado do quadro
Os resultados em formato tabular são obtidos para o projeto selecionado. Uma tabela de rede e uma tabela de séries temporais consistem em todas as propriedades e resultados para todos os nós ou ligações num período de tempo específico. As tabelas podem ser copiadas para a área de transferência do Windows ou guardadas num ficheiro e impressas. Para criar uma tabela, vá a "Ver e selecionar Tabela" ou clique no botão J® presente na barra de ferramentas padrão.

### 4.4.3 Impressão
Para imprimir o projeto atual presente na janela "ir para o ficheiro", selecione a opção imprimir e indicar as respectivas margens, selecionar a pré-visualização da impressão e, por fim, imprimir. A impressão também pode ser efectuada clicando no botão presente na barra de ferramentas do menu.

**4.5 Processo de execução de dados passo a passo no carregamento do mapa Google para o software EPANET**

Abrir o Google Earth

Abrir ferramentas e selecionar a barra de navegação

Remover a barra de estado lateral

Adicionar marca de lugar

Anotar o
Coordenadas nordeste

Ir para ferramentas e certificar-se de que todas as dimensões estão em metros

Os valores de comprimento e largura são obtidos em metros

Escreva as coordenadas calculadas nos respectivos lugares em ---tool como
Superior direito: Este + comprimento/2
Norte + largura/2
Inferior esquerdo: Este + comprimento/2
Norte + largura/2

Por fim, guardar a imagem no formato JPEG

Abra o ficheiro JPEG guardado e converta-o num ficheiro de imagem BMP e guarde-o abrindo-o no paint
Abrir a EPANET

Ir para ver, pano de fundo

Ir para Carregar e abrir o ficheiro BMP

Definir as dimensões em metros e desenhar a rede

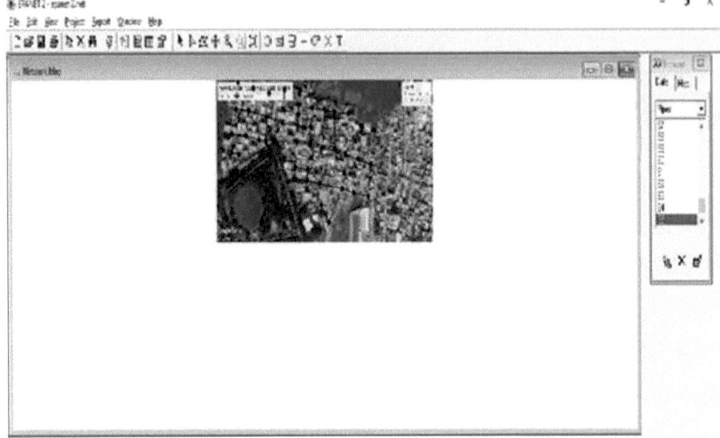

**Fig 4.11 Mapa Google para o software EPANET**

A rede é desenhada no EPANET através do mapa do Google, como mostra a figura 4.11.

**4.6 Fluxograma do software EPANET**

Software aberto EPANET

Criar um novo projeto clicando na opção "Novo" que se encontra na barra de menus

Abrir a predefinição, atribuir propriedades e etiquetas adequadas e preparar a configuração da rede no mapa da rede da EPANET

Adicionar reservatório e nós com a respectiva elevação nos locais necessários

Ligar os nós com uma ligação e adicionar válvulas de retenção

Dar o valor da procura de base em cada um dos nós

Atribuir os valores necessários e executar o projeto

Executar a rede

Guardar o projeto

Se a execução do projeto for bem sucedida, obter as lendas dos parâmetros de descarga, velocidade
e perda de carga

Obter o relatório sob a forma de tabela e gráfico dos parâmetros hidráulicos necessários.

## 4.7 RECOLHA DOS DADOS

Para efetuar a simulação e a análise da localidade de Ramnaresgnagar, foram obtidos os seguintes registos
de várias fontes.

### 4.7.1 Dados relativos à população

Atualmente, a população da zona de Ramnagar é de 10150 habitantes. Como Hyderabad é uma cidade em
rápido crescimento, o método utilizado para determinar a população futura é o método geométrico. Assim,
a população em 2018 é de 13750 e aumentará para 33 880 até 2048. A taxa de crescimento da população é
de 2,92%. Os dados sobre a população foram retirados do departamento de recenseamento e do gabinete da
divisão HMWS de Bhagyanagar. A variação da população entre 1981 e 2011 é apresentada na figura 4.12
abaixo

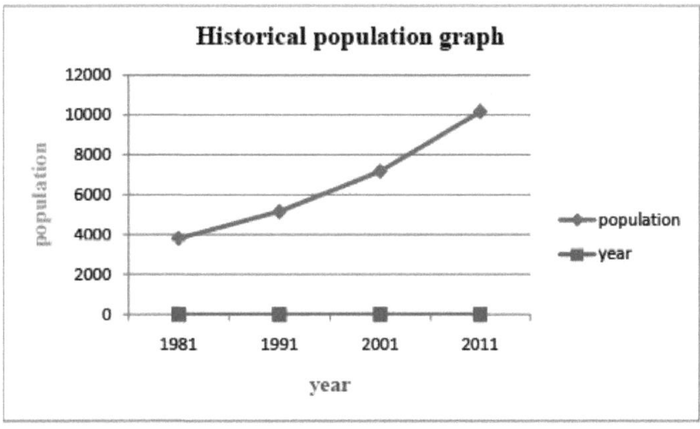


**Fig 4.12 Gráfico da variação da população**

### 4.7.2 Quantidade de água

A quantidade de água fornecida à DRL, KPHB, Jagadirgutta e Nizampet. Os dados acima indicados
mostram a média de água fornecida por Ramnaresh nagar. A quantidade de água necessária para satisfazer
as necessidades domésticas da zona de Ramnaresh, com uma população de 12750 habitantes (considerando
o método de previsão geométrica da população), é de 1,9125 MLD, sendo a procura média diária per capita
de 150 litros.

### 4.7.3 Configuração geral da zona de Ramnaresh nagar

A figura 4.12 mostra dois reservatórios: o reservatório 1 destina-se a fornecer água potável a Ramnaresh
nagar e o reservatório II destina-se a satisfazer as necessidades da localidade de Nizampet. A figura 4.13
abaixo mostra a disposição da rede na zona de Ramnaresh nagar.

Fig 4.13 Planta do traçado e do reservatório

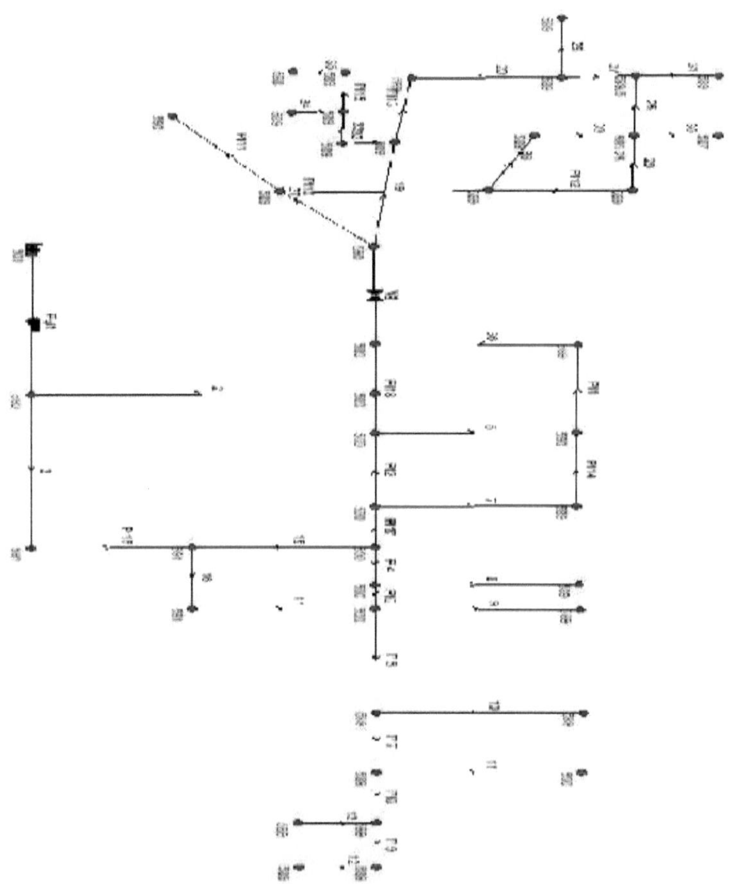

**Fig. 4.14 Disposição de Ramnaresh nagar**

# CAPÍTULO - 5

# RESULTADOS E DISCUSSÃO

## 5.1 MÉTODOS DE PREVISÃO DEMOGRÁFICA

### 5.1.1 Método de aumento aritmético:

**Tabela 5.1 Método de aumento aritmético**

| SI não. | Ano | População | Por década de aumento da população |
|---|---|---|---|
| 1 | 1981 | 3816 | |
| 2 | 1991 | 5157 | 1340 |
| 3 | 2001 | 7171 | 2014 |
| 4 | 2011 | 10150 | 2979 |

x-2111

A previsão da população utilizando o método do aumento aritmético e calculada na tabela 5.1 acima.

A população após n' década pode ser determinada pela fórmula

$Pn = Po + n*X$

Onde,

$Pn$ = População após a década "n

$Po$ = última população conhecida n = número de décadas

$X$ = Aumento médio da população

$$X = \frac{1340+2014+29}{3} = 2111$$

P2018—10150+0.7(2111)

=11628

P2048 =11628+3(2111)

=17961

### 5.1.2 Método do aumento geométrico:

**Tabela 5.2 Método de aumento geométrico**

| Ano | População | Aumento percentual da população por década |
|---|---|---|
| 1981 | 3816 | $\dfrac{5157 - 3816}{3816} \times 100 = 35.14\%$ |
| 1991 | 5157 | $\dfrac{7171 - 5157}{5157} \times 100 = 39.05\%$ |
| 2001 | 7171 | $\dfrac{10150 - 7171}{7171} \times 100 = 41.54\%$ |
| 2011 | 10150 | |

A previsão da população utilizando o método do aumento geométrico e calculada no quadro 5.1.

Utilizando a relação,

$$Pn = Po \left[1 + \frac{r}{100}\right]^n$$

Onde,

$Po$ = última população conhecida

$Pn$ = População após 'n décadas

$r$ = Taxa de crescimento percentual por década

$n$ = N.º de décadas

$$r = (35.14 \times 39.14 \times 41.54)^{1/3} = 38.51$$

$$P_{2018} = 10150 * \left[1 + \frac{38.51}{100}\right]^{0.7}$$

$$= 12750$$

$$P_{2048} = 12750 * \left[1 + \frac{38.51}{100}\right]^{3}$$

$$= 33880$$

**Quadro n.º 5.3 Método do aumento incremental**

| Ano | População | Aumento da população por década | Incremento sobre o aumento da população |
|---|---|---|---|
| 1981 | 3816 | | |
| 1991 | 5157 | 1340 | |
| 2001 | 7171 | 2014 | 2014-1340=674 |
| 2011 | 10150 | 2979 | 2979-2014=965 |

x=2111 Y=820

A previsão da população utilizando o método do aumento incremental e calculada na tabela 5.1 acima.
A população após 'n' décadas será

$$P_n = P_0 + n \times X + \frac{n(n+1)}{2} \times Y$$

Onde,

Po = última população conhecida

Pn = População após "n" décadas n = N.º de décadas

X = taxa média de aumento da população por década

Y = taxa média de aumento incremental por década

$$X = \frac{1340 + 2014 + 2979}{3} = 2111$$

$$Y = \frac{674 + 965}{2} = 820$$

$$P_{2018} = 10150 + (0.7 \times 2111) + \frac{0.7 * (1 + 0.7)}{2} \times 820$$

$$= 12116$$

$$P_{2048} = 12116 + (3 \times 2111) + \frac{3(3+1)}{2} \times 820$$

$$= 23368.$$

Uma vez que a taxa de crescimento da população é observada na zona de Ramnaresh nagar, foi utilizado o método exponencial ou o método geométrico para efetuar uma previsão exacta da população.

## 5.2 Programação EPANET

Depois de fornecer todos os parâmetros de entrada necessários, o programa é executado com êxito, como se mostra na figura 5.1. Obtêm-se assim os seguintes resultados

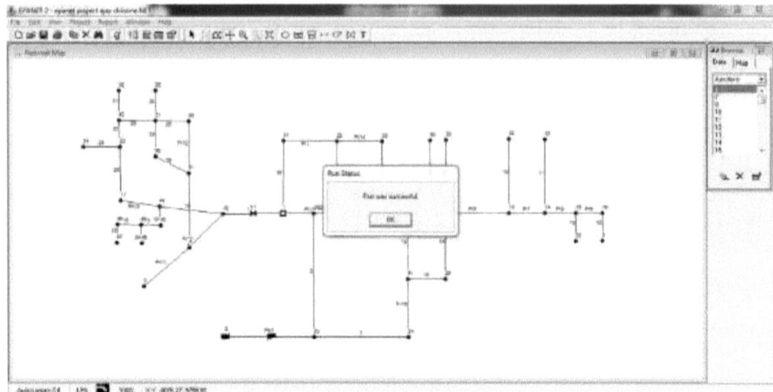

**Fig 5.1 Estado da rede**

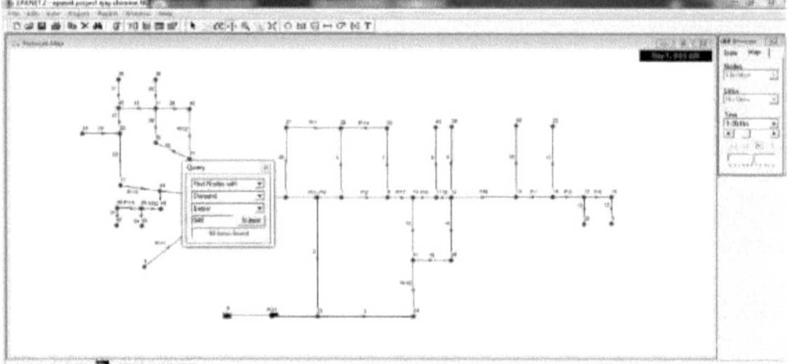

**Fig 5.2 consulta de mapas**

Nos resultados, a consulta deu os limites o I' diferentes parâmetros como pressão, velocidade, caudal, qualidade, cabeça e procura de base.

### 5.2.1 Editor de padrões

No editor de padrões, as quatro horas do período de cal foram tomadas para analisar a rede, o fator múltiplo de $0^{th}$ hora e $2^{nd}$ hora é tomado como 1, do mesmo modo que o fator múltiplo para $1^{st}$ e $3^{rd}$ hora é tomado como 1,2, como se mostra na figura 5.3. Os factores múltiplos são utilizados para modificar a procura a partir do seu nível de base.

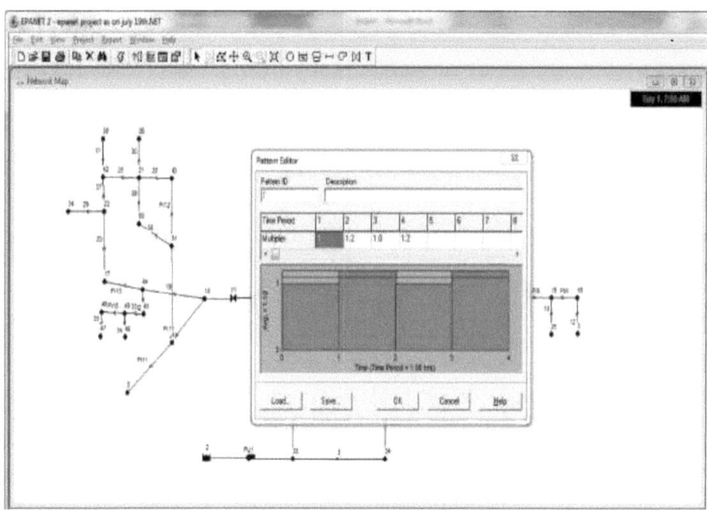

**Fig 5.3 Editor de padrões**

## 5.3 Análise dos resultados da EPANET

Os diagramas seguintes descrevem a procura de base mínima e mínima dos pontos nodais 12 e 25, respetivamente.

### 5.3.1 NÓDULO 12

#### 5.3.1.1 Hora zero

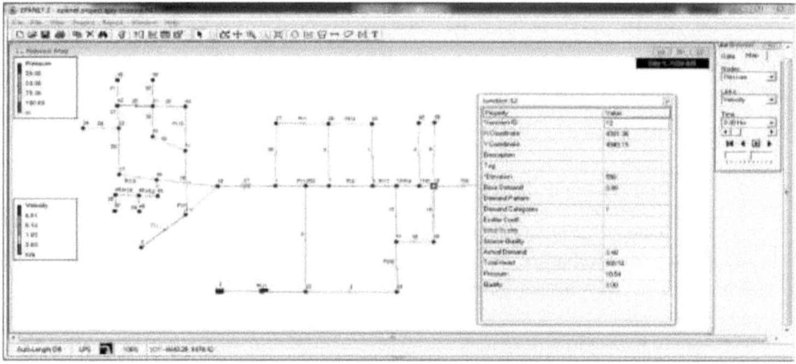

**Fig 5.4 Ponto de nó 12 a zero hora**

A partir da figura 5.4 acima apresentada, a junção 12 à hora zero consiste em vários parâmetros, como a descarga atual é de o I' 0,48 mid, a altura total de 600,54m com uma altura de pressão de 10,54m. A variação da pressão e da descarga é verde, de acordo com a cor que aparece na rede. As tubagens azuis claras têm uma descarga moderada, as ligações azuis grossas têm parâmetros hidráulicos elevados e as ligações verdes são indicadas como tendo parâmetros hidráulicos reduzidos. A partir da figura, observa-se que os valores elevados de velocidade e de descarga são obtidos no início e no fim da rede.

#### 5.3.1.2 Primeira hora

A partir da fig. 5.5 abaixo mostrada, a junção 12 na primeira hora consiste em vários parâmetros como a demanda real é de 0,48 mid, demanda básica 0,58, cabeça total de 720,56m, com cabeça de pressão 130,56m.

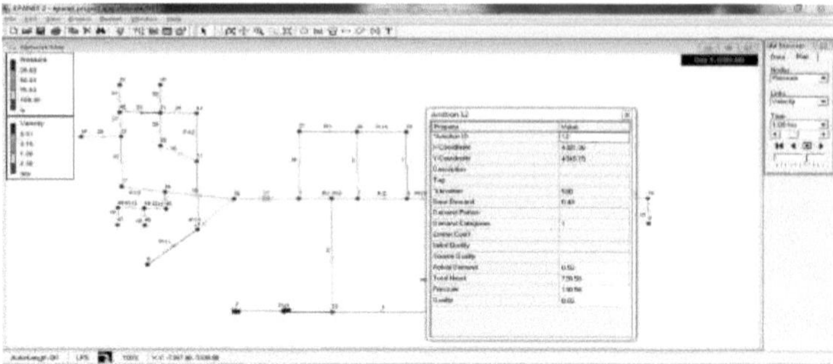

**Fig 5.5 ponto de nó 12 na primeira hora**

A variação da pressão e da descarga é dada de acordo com a cor que aparece na rede. Os tubos azuis claros têm uma descarga moderada, as ligações azuis grossas têm parâmetros hidráulicos elevados e as ligações verdes são indicadas como tendo parâmetros hidráulicos menores. A partir da figura, observa-se que os valores elevados de velocidade e de descarga são obtidos no início e no fim da rede.

### 5.3.1.3 Segunda hora

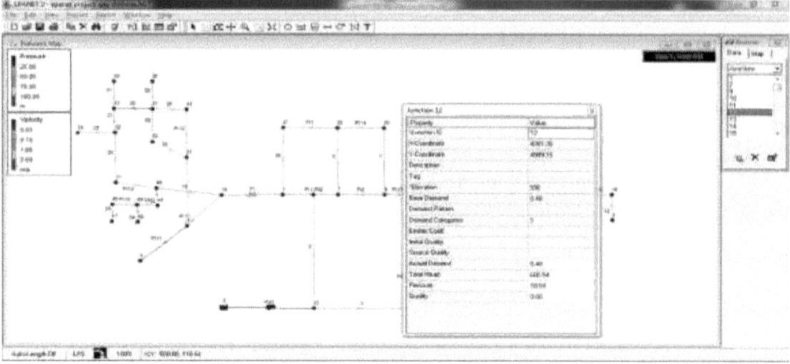

**Fig 5.6 Ponto de nó 12 na segunda hora**

A partir de IIIe acima mostrado Fig 5.6 junção 12 na segunda hora consiste em vários parâmetros como a demanda real é de 0,48 mid, demanda base 0,48 mid, cabeça total de 600,54m com cabeça de pressão 10,54m. A variação da pressão e da descarga é dada de acordo com a cor que aparece na rede. As tubagens de cor azul clara têm uma descarga moderada, as ligações de cor azul grossa têm parâmetros hidráulicos elevados e as ligações de cor verde são indicadas como tendo parâmetros hidráulicos menos elevados. A partir da figura, observa-se que os valores elevados de ^el^cidade e de descarga são obtidos no início e no fim da rede.

### 5.3.1.4 Terceira hora

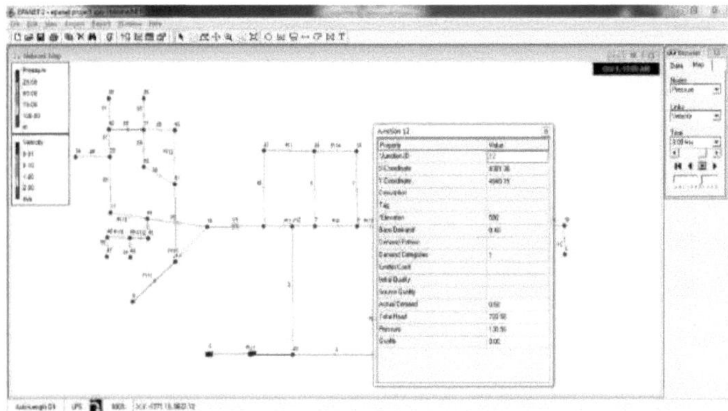

**Fig 5.7 Ponto de nó 12 à terceira hora**

A partir da Fig. 5.7 acima apresentada, a junção 12 à hora zero é constituída por vários parâmetros, como a pressão atual é de 0,48 mid, a procura nua é de 0,58, a altura total é de 720,56 m, com a altura de pressão de 130,56 m. A variação da pressão e da descarga é dada de acordo com a cor que aparece na rede. As tubagens de cor azul clara têm uma descarga moderada, as ligações de cor azul grossa têm parâmetros hidráulicos elevados e as ligações de cor verde são indicadas como tendo parâmetros hidráulicos menos elevados. A partir da figura, observa-se que a velocidade e os valores de descarga são elevados no início e no fim da rede.

A partir das figuras acima, os resultados obtidos no nó 12 dão os valores ideais a $0^{th}$ hora e $2^{nd}$ hora, bem como a $1^{std}$ e $3^{rd}$ horas, respetivamente.

### 5.3.2 Nó 25

### 5.3.2.1 Hora zero

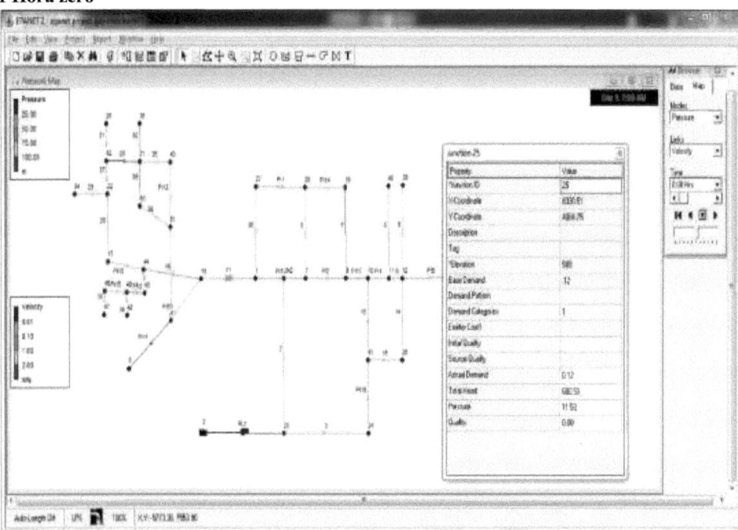

**Fig 5.8 Ponto de nó 25 a zero hora**

A partir da figura 5.8 acima apresentada, a junção 25 à hora zero consiste em vários parâmetros 1 ike a demanda real é de 0,12 mH, demanda nua 0,12, cabeça total de 600,53 m, com cabeça de pressão 11,53m e elevação 589 m. oi' 0,48 mH, demanda nua 0,58, cabeça total de 720,56m, com cabeça de pressão 130,56m.

A variação da pressão e da descarga é verde de acordo com a cor que aparece na rede. As tubagens azuis claras apresentam uma descarga moderada, as ligações azuis grossas apresentam parâmetros hidráulicos elevados e as ligações verdes são indicadas como parâmetros hidráulicos reduzidos. A partir da figura, observa-se que os fios de alta velocidade e descarga são obtidos no início e no fim da rede.

### 5.3.2.2 Primeira hora

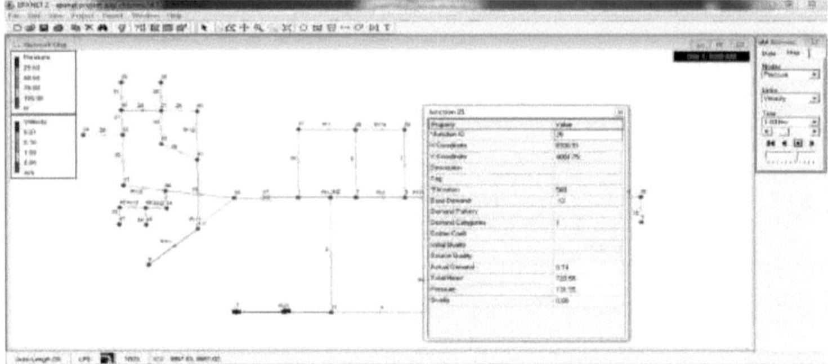

**Fig 5.9 Ponto de nó 25 na primeira hora**

A partir da Fig. 5.9 acima apresentada, a junção 25 à hora zero é constituída por vários parâmetros: a demanda atual é de 0,12 mH, a demanda de base é de 0,14, a altura total é de 720,55 m, com uma altura de pressão de 131,55 m; a demanda de base é de 0,58, a altura total é de 720,56 m, com uma altura de pressão de 130,56 m. A variação da pressão e da descarga é dada de acordo com a cor que aparece na rede. As tubagens azuis claras têm uma descarga moderada, as ligações azuis grossas têm parâmetros hidráulicos elevados e as ligações verdes são indicadas como tendo parâmetros hidráulicos menos elevados. A partir da figura, observa-se que os valores elevados de pressão ami descarregada são obtidos no início e no fim da rede.

### 5.3.2.3 Segunda hora

A partir da Fig. 5.10 abaixo apresentada, a junção 25 na hora zero consiste em vários parâmetros, como a demanda real é o I' 0.12 mH, demanda base 0.12 mid, cabeça total de 600.53 m, com cabeça de pressão 11.53 m e elevação 589 m. o I' 0.48 mH, demanda base 0.58, cabeça total de 720.56m, com cabeça de pressão 130.56m.

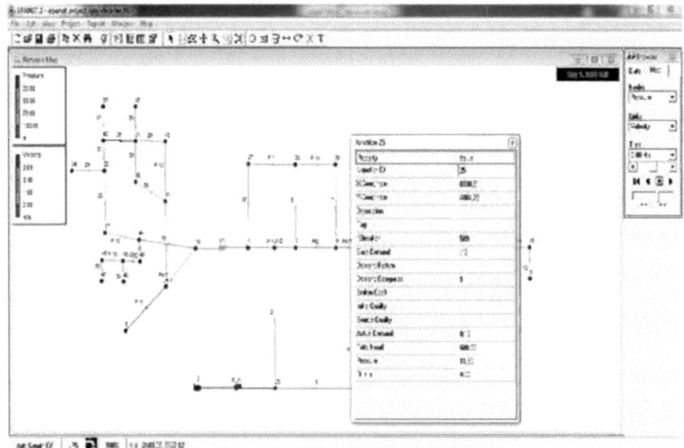

**Fig 5.10 Ponto nodal 25 à segunda hora**

A variação da pressão e da descarga é dada de acordo com a cor que aparece na rede. As tubagens de cor azul clara têm uma descarga moderada, as ligações de cor azul grossa têm parâmetros hidráulicos elevados e as ligações de cor verde são indicadas como tendo parâmetros hidráulicos reduzidos. A partir da figura, observa-se que os valores elevados de velocidade e de descarga são obtidos no início e no fim o I' da rede.

### 5.3.2.4 Terceira hora

A partir da Fig. 5.11 abaixo apresentada, a junção 25 à hora zero consiste em vários parâmetros, tais como: a demanda de aclwil é oi' 0,12 mid, demanda de base 0,14, cabeça total de 700,55 m, com cabeça de pressão 131,55m e elevação 589 m. oi' 0,48 mW, demanda de base 0,58, cabeça total de 720,56m, com cabeça de pressão 130,56m.

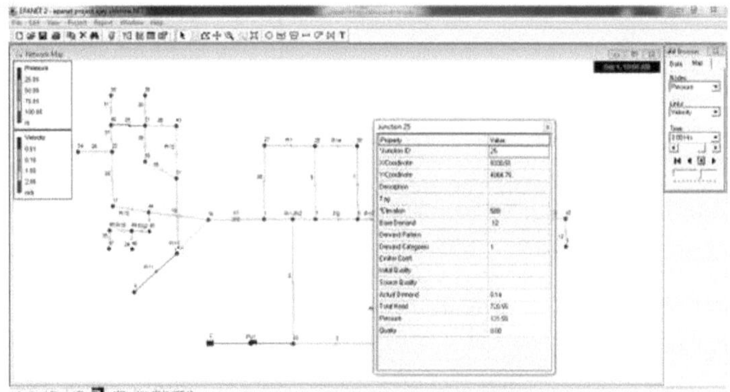

**Fig 5.11 ponto de nó 25 a zero hora**

A partir da Fig. 5.11 acima apresentada, a junção 25 à hora zero consiste em vários parâmetros, como a procura atual é oi' 0,12 mid, procura de base 0,14, altura total de 700,55 m, com altura de pressão 131,55m e elevação 589 m. oi' 0,48 mW, procura de base 0,58, altura total de 720,56m, com altura de pressão 130,56m. A variação da pressão e da descarga é verde de acordo com a cor que aparece na rede. As tubagens de cor azul claro têm uma descarga moderada, as ligações de cor azul grosso têm parâmetros hidráulicos elevados e as ligações de cor verde são indicadas como tendo parâmetros hidráulicos reduzidos. A partir da figura, observa-se que os valores de alta velocidade e de descarga são obtidos no início e no fim da rede.

A partir das figuras acima, os resultados obtidos no nó 25 dão os valores ideais a $0^{th}$ hora e $2^{nd}$ hora, bem como a $1^{std}$ e $3^{rd}$ horas, respetivamente

### 5. 4 RESULTADOS DO EPANET

Os resultados do EPANET foram obtidos a partir do software, fornecendo todos os parâmetros necessários, os resultados obtidos na forma de tabelas, cada uma com diferentes estrelas de horas de $0^{th}$ hora a $3^{rd}$ hora. Os valores de entrada são de' id do fink, comprimento do tubo, cabeça de elevação, demanda ami diâmetro do tubo mostrado na tabela 5.5 abaixo. Os resultados nodais são obtidos em termos de pressão, altura manométrica e qualidade da água, como mostram as tabelas 5.6, 5.8, 5.10 e 5.12. Os resultados da ligação são a velocidade, a perda de carga e o caudal indicados nos quadros 5.7, 5.9, 5.11 e 5.13.

### 5.4.1 Ligação - Nó

**Tabela 5.5 Valores de entrada do nó de ligação**

| ID da ligação | Nó inicial | Nó final | Comprimento m | Diâmetro Mm |
|---|---|---|---|---|
| 1 | 2 | 23 | 190 | 200 |
| 2 | 23 | JN2 | 110 | 200 |
| 3 | 23 | 24 | 70 | 200 |
| 5 | 7 | 28 | 80 | 100 |
| 7 | 9 | 30 | 100 | 100 |
| 8 | 11 | 40 | 100 | 100 |
| 9 | 12 | 39 | 100 | 100 |

| | | | | |
|---|---|---|---|---|
| 10 | 13 | 32 | 80 | 100 |
| 11 | 14 | 33 | 80 | 100 |
| 12 | 16 | 3 | 80 | 100 |
| 14 | 12 | 26 | 60 | 100 |
| 15 | 10 | 41 | 110 | 200 |
| 16 | 41 | 26 | 40 | 100 |
| 18 | 1 | 18 | 40 | 150 |
| 19 | 18 | 44 | 130 | 150 |
| 20 | 17 | 22 | 50 | 150 |
| 25 | 42 | 21 | 40 | 150 |
| 26 | 21 | 43 | 40 | 150 |
| 27 | 4 | 51 | 180 | 150 |
| 29 | 22 | 34 | 60 | 100 |
| 30 | 21 | 36 | 50 | 100 |
| 31 | 42 | 35 | 50 | 100 |
| 32 | 44 | 45 | 30 | 100 |
| 33 | 45 | 49 | 80 | 100 |
| 34 | 49 | 4 | 30 | 100 |
| 35 | 46 | 47 | 30 | 100 |
| 36 | 1 | 27 | 100 | 100 |
| 37 | 22 | 42 | 50 | 150 |
| 38 | 51 | 50 | 50 | 100 |
| 39 | 50 | 21 | 50 | 100 |
| 13 | 15 | 25 | 80 | 100 |
| PI1 | 27 | 28 | 100 | 100 |
| PI2 | 7 | 9 | 40 | 150 |
| PI3 | 9 | 10 | 30 | 150 |
| PI4 | 10 | 11 | 40 | 150 |
| PI5 | 11 | 12 | 30 | 150 |
| PI6 | 12 | 13 | 60 | 150 |
| PI7 | 13 | 14 | 30 | 150 |
| PI8 | 14 | 15 | 30 | 150 |
| PI9 | 15 | 16 | 30 | 150 |
| PI10 | 4 | 18 | 100 | 150 |
| Pílula | 4 | 5 | 50 | 150 |
| PI12 | 43 | 51 | 100 | 150 |
| PI13 | 17 | 44 | 80 | 150 |
| PI14 | 28 | 30 | 40 | 150 |
| PI15 | 49 | 46 | 80 | 100 |
| PI16 | 24 | 41 | 150 | 200 |
| PI17 | 10 | 9 | 40 | 150 |
| PI18 | 7 | 1 | 40 | 150 |
| PU1 | 2 | 23 | #N/A | Bomba #N/A |
| V1 | 1 | 18 | #N/A | 150 Válvula |

### 5.4.2 Resultados do nó a 0<sup>th</sup> Hora

Tabela 5.6 Resultados dos nós a 0<sup>th</sup> Hora

| Nó ID | Procura LPS | Cabeça m | Pressão m | Qualidade |
|---|---|---|---|---|
| 1 | 0.36 | 600.45 | 11.45 | 0.00 |
| 7 | 0.36 | 600.49 | 11.49 | 0.00 |

| 9 | 0.30 | 600.53 | 10.53 | 0.00 |
| 10 | 0.36 | 600.55 | 10.55 | 0.00 |
| 11 | 0.36 | 600.55 | 10.55 | 0.00 |
| 12 | 0.48 | 600.54 | 10.54 | 0.00 |
| 13 | 0.36 | 600.54 | 11.54 | 0.00 |
| 14 | 0.36 | 600.54 | 11.54 | 0.00 |
| 15 | 0.36 | 600.53 | 11.53 | 0.00 |
| 16 | 0.24 | 600.53 | 11.53 | 0.00 |
| 17 | 0.24 | 600.42 | 11.42 | 0.00 |
| 18 | 0.36 | 600.45 | 10.45 | 0.00 |
| 21 | 0.48 | 600.41 | 11.16 | 0.00 |
| 23 | 0.24 | 600.81 | 10.81 | 0.00 |
| 24 | 0.20 | 600.75 | 9.75 | 0.00 |
| 25 | 0.12 | 600.53 | 11.53 | 0.00 |
| 26 | 0.20 | 600.58 | 9.58 | 0.00 |
| 27 | 0.36 | 600.46 | 11.46 | 0.00 |
| 28 | 0.36 | 600.48 | 10.48 | 0.00 |
| 30 | 0.24 | 600.49 | 11.49 | 0.00 |
| 32 | 0.12 | 600.54 | 11.54 | 0.00 |
| 33 | 0.12 | 600.53 | 10.53 | 0.00 |
| 3 | 0.12 | 600.53 | 11.53 | 0.00 |
| 4 | 0.36 | 600.44 | 11.44 | 0.00 |
| 5 | 0.12 | 600.44 | 10.44 | 0.00 |
| 22 | 0.36 | 600.41 | 11.41 | 0.00 |
| 34 | 0.12 | 600.41 | 11.41 | 0.00 |
| 35 | 0.12 | 600.41 | 11.41 | 0.00 |
| 36 | 0.12 | 600.41 | 13.41 | 0.00 |
| 39 | 0.12 | 600.54 | 11.54 | 0.00 |
| 40 | 0.12 | 600.55 | 11.55 | 0.00 |
| 41 | 0.24 | 600.62 | 9.62 | 0.00 |
| 42 | 0.36 | 600.41 | 10.91 | 0.00 |
| 43 | 0.36 | 600.41 | 11.41 | 0.00 |
| 44 | 0.36 | 600.42 | 11.42 | 0.00 |
| 45 | 0.24 | 600.41 | 11.41 | 0.00 |
| 46 | 0.24 | 600.38 | 11.38 | 0.00 |
| 47 | 0.24 | 600.38 | 12.38 | 0.00 |
| 48 | 0.12 | 600.39 | 11.39 | 0.00 |
| 49 | 0.36 | 600.39 | 11.39 | 0.00 |
| 50 | 0.24 | 600.41 | 11.41 | 0.00 |
| 51 | 0.36 | 600.42 | 11.42 | 0.00 |
| 2 | -11.62 | 601.00 | 0.00 | 0,00 Reservatório |

### 5.4.3 Resultados das ligações a 0<sup>th</sup> Hora

Tabela 5.7 Resultados das ligações a 0<sup>th</sup> Hora

| ID da ligação | Fluxo LPS | Velocidade em/s | Unidade Perda de cabeça mkin | Estado |
|---|---|---|---|---|
| 1 | 11.62 | 0.37 | 1.00 | Aberto |
| 2 | 0.36 | 0.01 | 0.00 | Aberto |

| | | | | |
|---|---|---|---|---|
| 3 | 11.02 | 0.35 | 0.90 | Aberto |
| 5 | 0.39 | 0.05 | 0.05 | Aberto |
| 7 | 1.05 | 0.13 | 0.48 | Aberto |
| 8 | 0.12 | 0.02 | 0.01 | Aberto |
| 9 | 0.12 | 0.02 | 0.01 | Aberto |
| 10 | 0.12 | 0.02 | 0.01 | Aberto |
| 11 | 0.12 | 0.02 | 0.01 | Aberto |
| 12 | 0.12 | 0.02 | 0.01 | Aberto |
| 14 | -1.48 | 0.19 | 0.64 | Aberto |
| 16 | 1.68 | 0.21 | 0.81 | Aberto |
| 18 | 0.02 | 0.00 | 0.00 | Aberto |
| 19 | 2.67 | 0.15 | 0.27 | Aberto |
| 20 | 0.87 | 0.05 | 0.03 | Aberto |
| 25 | -0.09 | 0.00 | 0.00 | Aberto |
| 26 | -0.51 | 0.03 | 0.01 | Aberto |
| 27 | 1.65 | 0.09 | 0.11 | Aberto |
| 29 | 0.12 | 0.02 | 0.01 | Aberto |
| 30 | 0.12 | 0.02 | 0.01 | Aberto |
| 31 | 0.12 | 0.02 | 0.01 | Aberto |
| 32 | 1.20 | 0.15 | 0.29 | Aberto |
| 33 | 0.96 | 0.12 | 0.29 | Aberto |
| 34 | 0.12 | 0.02 | 0.01 | Aberto |
| 35 | 0.24 | 0.03 | 0.02 | Aberto |
| 36 | -0.48 | 0.06 | 0.08 | Aberto |
| 37 | 0.39 | 0.02 | 0.01 | Aberto |
| 38 | 0.42 | 0.05 | 0.06 | Aberto |
| 39 | 0.18 | 0.02 | 0.01 | Aberto |
| 13 | 0.12 | 0.02 | 0.01 | Aberto |
| PΠ | -0.84 | 0.11 | 0.22 | Aberto |
| PI2 | -5.79 | 0.33 | 1.11 | Aberto |
| PI3 | -3.85 | 0.22 | 0.52 | Aberto |
| PI4 | 1.40 | 0.08 | 0.08 | Aberto |
| PI5 | 0.92 | 0.05 | 0.04 | Aberto |
| PI6 | 1.80 | 0.10 | 0.13 | Aberto |
| PI7 | 1.32 | 0.07 | 0.07 | Aberto |
| PI8 | 0.84 | 0.05 | 0.03 | Aberto |
| PU1 | 0.00 | 0.00 | 0.00 | Bomba fechada |
| V1 | 5.14 | 0.29 | 0.00 | Abrir a válvula |

### 5.4.4 Resultados dos nós a 1<sup>th</sup> Hora

Tabela 5.8 Resultados dos nós a 1<sup>th</sup> Hora

| Nó<br>ID | Procura<br>LPS | Cabeça m | Pressão m | Qualidade |
|---|---|---|---|---|
| 1 | 0.43 | 720.44 | 131.44 | 0.00 |
| 7 | 0.43 | 720.48 | 131.48 | 0.00 |
| 9 | 0.36 | 720.55 | 130.55 | 0.00 |
| 10 | 0.43 | 720.57 | 130.57 | 0.00 |
| 11 | 0.43 | 720.56 | 130.56 | 0.00 |
| 12 | 0.58 | 720.56 | 130.56 | 0.00 |
| 13 | 0.43 | 720.55 | 131.55 | 0.00 |
| 14 | 0.43 | 720.55 | 131.55 | 0.00 |

| | | | | |
|---|---|---|---|---|
| 15 | 0.43 | 720.55 | 131.55 | 0.00 |
| 16 | 0.29 | 720.55 | 131.55 | 0.00 |
| 17 | 0.29 | 720.38 | 131.38 | 0.00 |
| 18 | 0.43 | 720.44 | 130.44 | 0.00 |
| 21 | 0.58 | 720.38 | 131.13 | 0.00 |
| 23 | 0.29 | 720.93 | 130.93 | 0.00 |
| 24 | 0.24 | 720.85 | 129.85 | 0.00 |
| 25 | 0.14 | 720.55 | 131.55 | 0.00 |
| 26 | 0.24 | 720.62 | 129.62 | 0.00 |
| 27 | 0.43 | 720.45 | 131.45 | 0.00 |
| 28 | 0.43 | 720.48 | 130.48 | 0.00 |
| 30 | 0.29 | 720.48 | 131.48 | 0.00 |
| 32 | 0.14 | 720.55 | 131.55 | 0.00 |
| 33 | 0.14 | 720.55 | 130.55 | 0.00 |
| 3 | 0.14 | 720.55 | 131.55 | 0.00 |
| 4 | 0.43 | 720.41 | 131.41 | 0.00 |
| 5 | 0.14 | 720.41 | 130.41 | 0.00 |
| 22 | 0.43 | 720.38 | 131.38 | 0.00 |
| 34 | 0.14 | 720.38 | 131.38 | 0.00 |
| 35 | 0.14 | 720.38 | 131.38 | 0.00 |
| 36 | 0.14 | 720.38 | 133.38 | 0.00 |
| 39 | 0.14 | 720.56 | 131.56 | 0.00 |
| 40 | 0.14 | 720.56 | 131.56 | 0.00 |
| 41 | 0.29 | 720.66 | 129.66 | 0.00 |
| 42 | 0.43 | 720.38 | 130.88 | 0.00 |
| 43 | 0.43 | 720.38 | 131.38 | 0.00 |
| 44 | 0.43 | 720.39 | 131.39 | 0.00 |
| 45 | 0.29 | 720.37 | 131.37 | 0.00 |
| 46 | 0.29 | 720.33 | 131.33 | 0.00 |
| 47 | 0.29 | 720.33 | 132.33 | 0.00 |
| 48 | 0.14 | 720.34 | 131.34 | 0.00 |
| 49 | 0.43 | 720.34 | 131.34 | 0.00 |
| 50 | 0.29 | 720.38 | 131.38 | 0.00 |
| 51 | 0.43 | 720.38 | 131.38 | 0.00 |
| JN2 | 0.43 | 720.93 | 131.93 | 0.00 |
| 2 | -13.94 | 721.20 | 120.20 | 0,00 Reservatório |

**5.4.5 Resultados da ligação a 1ᵗʰ Hora**

**Tabela 5.9 Resultados da ligação a 1ᵗʰ Hora**

| ID da ligação | Fluxo LPS | Velocidade em/s | Unidade Perda de cabeça mkin | Estado |
|---|---|---|---|---|
| 1 | 13.94 | 0.44 | 1.40 | Aberto |
| 2 | 0.43 | 0.01 | 0.00 | Aberto |
| 3 | 13.22 | 0.42 | 1.27 | Aberto |
| 5 | 0.46 | 0.06 | 0.07 | Aberto |
| 7 | 1.26 | 0.16 | 0.67 | Aberto |
| 8 | 0.14 | 0.02 | 0.01 | Aberto |
| 9 | 0.14 | 0.02 | 0.01 | Aberto |

| ID | Perda de cabeça | Velocidade | Descarga | Status |
|---|---|---|---|---|
| 10 | 0.14 | 0.02 | 0.01 | Aberto |
| 11 | 0.14 | 0.02 | 0.01 | Aberto |
| 12 | 0.14 | 0.02 | 0.01 | Aberto |
| 14 | -1.78 | 0.23 | 0.90 | Aberto |
| 15 | -10.68 | 0.34 | 0.85 | Aberto |
| 16 | 2.02 | 0.26 | 1.14 | Aberto |
| 18 | 0.01 | 0.00 | 0.00 | Aberto |
| 19 | 3.21 | 0.18 | 0.37 | Aberto |
| 20 | 1.05 | 0.06 | 0.05 | Aberto |
| 25 | -0.11 | 0.01 | 0.00 | Aberto |
| 26 | -0.61 | 0.03 | 0.02 | Aberto |
| 27 | 1.98 | 0.11 | 0.15 | Aberto |
| 29 | 0.14 | 0.02 | 0.01 | Aberto |
| 30 | 0.14 | 0.02 | 0.01 | Aberto |
| 31 | 0.14 | 0.02 | 0.01 | Aberto |
| 32 | 1.44 | 0.18 | 0.40 | Aberto |
| 33 | 1.15 | 0.15 | 0.40 | Aberto |
| 34 | 0.14 | 0.02 | 0.01 | Aberto |
| 35 | 0.29 | 0.04 | 0.03 | Aberto |
| 36 | -0.57 | 0.07 | 0.11 | Aberto |
| 37 | 0.47 | 0.03 | 0.01 | Aberto |
| 38 | 0.51 | 0.06 | 0.09 | Aberto |
| 39 | 0.22 | 0.03 | 0.02 | Aberto |
| 13 | 0.14 | 0.02 | 0.01 | Aberto |
| PI1 | -1.00 | 0.13 | 0.31 | Aberto |
| PI2 | -6.95 | 0.39 | 1.56 | Aberto |
| PI3 | -4.62 | 0.26 | 0.73 | Aberto |
| PI4 | 1.68 | 0.09 | 0.11 | Aberto |
| PI5 | 1.10 | 0.06 | 0.05 | Aberto |
| PI6 | 2.16 | 0.12 | 0.18 | Aberto |
| PI7 | 1.58 | 0.09 | 0.10 | Aberto |
| PI8 | 1.01 | 0.06 | 0.04 | Aberto |
| PI9 | 0.43 | 0.02 | 0.01 | Aberto |
| PI10 | -2.55 | 0.14 | 0.24 | Aberto |
| Pílula | 0.14 | 0.01 | 0.00 | Aberto |
| PI12 | -1.04 | 0.06 | 0.05 | Aberto |
| PI13 | -1.33 | 0.08 | 0.07 | Aberto |
| PI14 | -0.97 | 0.06 | 0.04 | Aberto |
| PI15 | 0.58 | 0.07 | 0.11 | Aberto |
| PI16 | 12.98 | 0.41 | 1.22 | Aberto |
| PI17 | 3.95 | 0.22 | 0.55 | Aberto |
| PI18 | 6.05 | 0.34 | 1.21 | Aberto |
| PU1 | 0.00 | 0.00 | 0.00 | Bomba fechada |
| V1 | 6.19 | 0.35 | 0.00 | Abrir a válvula |

## 5.5  COMPARAÇÃO ENTRE O EPANET E OS CÁLCULOS MANUAIS

Para analisar os valores do software EPANET, comparei os resultados do EPANET com a fórmula

**Tabela 5.10 Comparação dos parâmetros de distribuição**

| S n 0 | ligação | Nós | Perda de cabeça (in/kin) | Velocidade (m/s) | Descarga P$^{(ls)}$ |
|---|---|---|---|---|---|

| | | | Fórmula | EPANET | Fórmula | EPANET | Fórmula | EPANET |
|---|---|---|---|---|---|---|---|---|
| 1 | 7 | 30, 9 | 0.06 | 0.48 | 0.138 | 0.13 | 1.08 | 1.05 |
| 2 | 14 | 26, 12 | 0.95 | 0.64 | 0.192 | 0.19 | 1.5 | 1.48 |
| 3 | 15 | 10, 41 | 1.15 | 0.61 | 0.29 | 0.28 | 9.1 | 8.9 |
| 4 | 27 | 4, 51 | 0.185 | 0.11 | 0.09 | 0.09 | 1.59 | 1.65 |

O quadro 5.14 acima mostra a variação dos diferentes parâmetros da rede de distribuição de água da zona de Ramnaresh nagar. Os parâmetros no quadro supra - velocidade, descarga e perda de carga - são registados em 1, 12, 13 e 14 nós, respetivamente.

## 5.6 CÁLCULO

Para determinar a velocidade na rede de tubagens, utilizar a fórmula de Hazen William $V = 0,85 * c * R^{,063} * S^{,054}$

Onde, C = Coeficiente de rugosidade

R= Raio hidráulico (A/P) para tubo de escoamento total e para tubo de meio escoamento (R=d/4)

A= área da secção transversal do tubo

P= Perímetro do tubo

S= declive da superfície da água ($h_f$ /L)

L= comprimento do tubo em causa

hf= diferença de elevação entre nós respeitados.

$Vi=0.85*120*(0.1/4)0^{,63} *(0.04/190)0'5^4$

$V_1= 0,138$ m/s (na ligação 7)

Do mesmo modo, $V_2 =0,192$ m/s (na ligação 14)

$V_3=0,29$m/s (na ligação 15)

$V_4=0,09$ m/s (na ligação 27)

$Q=A*V$

$A = \square\ 0,25 *\pi Д^2$

Q1=8,16 Ips para o tubo de diâmetro 200mm.

Do mesmo modo, $Q_2 =1,5$ Ips

Q=9,1 Ips

Q4=1,59 Ips

Para os restantes tubos com o mesmo diâmetro de 100 mm, respetivamente

A maior perda de carga devido ao atrito presente na tubagem. A perda de carga por atrito na rede pode ser calculada utilizando a seguinte fórmula $h = flu^2 /\{2\ gd)$

Onde f= fator de atrito

1= comprimento do tubo de transporte g= aceleração devida à gravidade d= diâmetro do tubo v= velocidade no tubo.

$$h1= (o.o3*100* 0,138^2 )/ (2* 9,81* .1)$$

h1=0,06 m/km

Perda de carga1 = 0,06 m/km (na ligação 7)

Perda de carga$_2$ = 0,95 m/km (na ligação 14)

Perda de carga$_3$ = 1,15 m/km (no nó 15)

Perda de carga$_4$ = 0,185 m/km (no nó 27)

## 5.7 GRÁFICOS DOS PARÂMETROS HIDRÁULICOS

Os gráficos são obtidos com base nos valores de parâmetros hidráulicos importantes, como o caudal, a velocidade e a perda de carga.

### 5.7.1 Variação do caudal

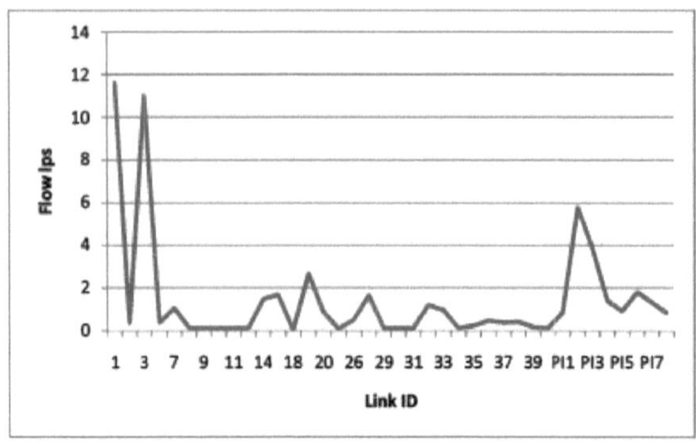

**Fig. 5.12 Variação do caudal**

A figura acima mostra a variação da descarga que é transmitida em cada nó de diferentes níveis.

**5.7.2 Variação da velocidade**

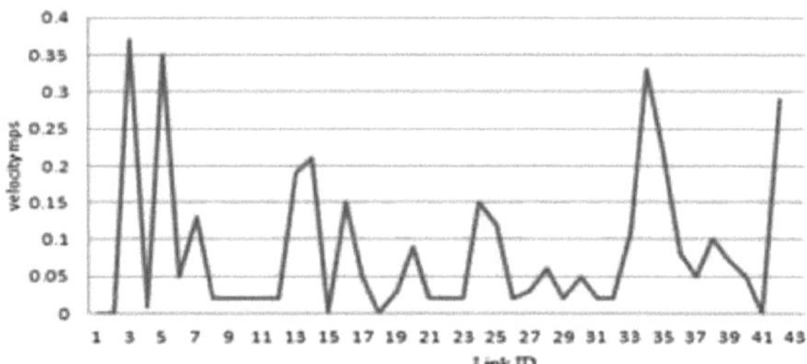

**Fig 5.13 Variação da velocidade**

A figura acima mostra a variação da velocidade que é transmitida em cada nó de diferentes níveis.

**5.7.3 Variação da perda de carga**

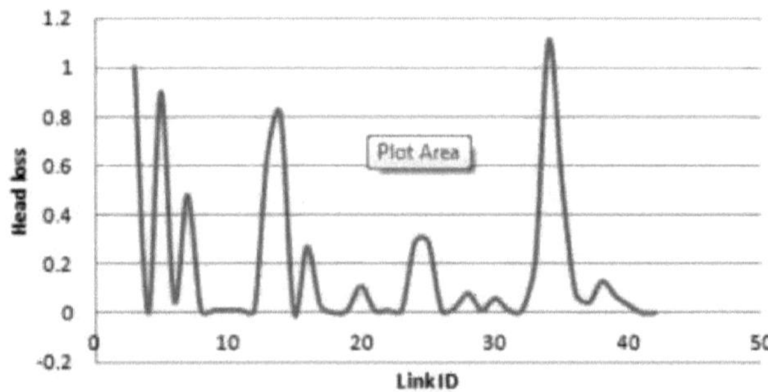


**Fig 5.14 Variação da perda de carga**

A figura acima mostra a variação da perda de carga que é transmitida em cada nó de diferentes níveis.

# CAPÍTULO - 6

# RESUMO, CONCLUSÕES E RECOMENDAÇÕES

## 6.1 Geral

O sistema de distribuição de água é utilizado para descrever coletivamente os serviços utilizados para fornecer água desde a sua fonte até ao ponto de utilização. A qualidade da água não deve deteriorar-se na rede de distribuição. O principal objetivo do sistema de distribuição é fornecer água ao consumidor com qualidade, quantidade e pressão adequadas. Os dados necessários para executar a rede na EPANET são os dados de previsão da população, as elevações de cada ponto de junção e a procura de base

## 6.2 RESUMO

### 6.2.1 Introdução, descrição da zona de estudo e objectivos

O projeto da rede de distribuição de água é necessário para a zona de Ramnaresh devido ao crescimento abundante da comunidade. A conceção da rede de distribuição de água para a população de 10 000 habitantes, mantendo a pressão e a descarga mínimas. Para satisfazer a procura de água necessária para a população prevista em Ramnaresh nagar, foi projetado um sistema de distribuição de água para os próximos 30 anos. Requisitos de um sistema de rede de distribuição de água ideal. Utilizando o software EPANET 2, a rede foi projectada. Como parte do meu trabalho de tese de mestrado, concebi a rede de distribuição da zona de Ramnaresh nagar. Os objectivos do presente estudo são

1.   Prever os dados da população utilizando o método de aumento geométrico para a área de estudo.
2.   Para determinar a pressão, a velocidade, o caudal e a perda de carga da água a distribuir.
3.   Projetar a rede de distribuição de água na área de estudo utilizando software de simulação hidráulica.
4.   Comparar os resultados da rede de distribuição de água do software com os cálculos manuais

### 6.2.2 Revisão da literatura

A revisão da literatura da tese centra-se principalmente na análise da rede de distribuição desde o período medieval até ao período moderno. A rede de distribuição é concebida em vários locais em todo o mundo.

### 6.2.3 Metodologia do EPANET

O EPANET é um software assistido por computador através do qual a rede de distribuição de água pode ser analisada de forma económica e fácil. A metodologia do EPANET inclui a definição do projeto. Abertura da rede, desenho da rede através da atribuição de propriedades objectivas, execução do projeto e obtenção dos resultados. Nesta metodologia, o EPANET pode ser analisado com base em três fórmulas: Hazen-Williams, Darcy-Weisbach e Chezy-Manning e utilizando o respetivo coeficiente de rugosidade para a nova tubagem.

### 6.2.4 Resultados e discussões

A rede de distribuição de água foi concebida para a zona de Ramnaresh nagar para uma população de 10150 habitantes e a população prevista para 30 anos com base no método da população geométrica é de 17961 habitantes. A análise dos resultados da EPANET foi efectuada durante 3 horas. Os resultados dos nós obtidos são a procura em LPS, a altura total e a altura de pressão para as respectivas horas. Os resultados da ligação obtidos são a descarga, a velocidade e a perda de carga unitária para as respectivas horas.

## 6.3 CONCLUSÃO

As caraterísticas mais salientes de todo o estudo apresentado na tese podem ser concluídas com a conceção e análise da rede de distribuição de água, identificando as deficiências na sua análise, implementação e utilização. No final do estudo, verificou-se que, em todos os cruzamentos, a pressão e as velocidades fornecidas em todas as condutas são adequadas para distribuir a água na zona de Ramnaresh nagar. Neste estudo, a rede é constituída por um sistema de árvores e por uma rede de ferro. A capacidade do reservatório é de 15 milhões de galões e pode ser distribuída a 12.750 pessoas com 150 litros por cabeça nas próximas 3 décadas. O tipo de sistema de distribuição utilizado é o sistema de gravidade e o sistema de bombagem. As necessidades de base máximas e mínimas são de 12 e 25, respetivamente.

## 6.4 RECOMENDAÇÃO

As recomendações necessárias para as futuras observações efectuadas devem ser cuidadosamente estudadas, substituindo as tubagens adequadas à rede de distribuição para manter uma área de cobertura adequada. O EPANET é o software mais fácil através do qual podemos conceber o sistema de rede para obter resultados adequados de forma económica.

## REFERÊNCIAS

1) Annelies De Corte e Kenneth Sorensen(2013) "Optimization of gravity fed water distribution network design", European journal of operational research 228(2013).

2) Shie-Yui Liong e Md Atiquzzaman(2004) "Optimal design of water distribution network using shuffild complex evoluation", Journel of institution of engineers Singapore volume 44.

3) E. Pacchin, S Alivisi e M Franchini(2016) "software baseado em computação para o projeto de redes de distribuição de água" XVIII conferência internacional sobre análise de sistemas de distribuição de água 2016.

4) S.Chandramouli e P.Malleswararao S Chandramouli (2011) "reliability based optimal design of a water distribution network for municipal water supply", et al International journal of engineering and technology vol3(1).

5) Darshan Mehta, Krunal Lakhani, Divya Patel e Govind Patel. "study of water distribution network using EPANET", IJARESM (International journal if advanced research in engineering, science and management)

6) Megan L. Abbot(2012), "otimização da redundância em sistemas de distribuição de água ramificados", Um relatório apresentado em cumprimento parcial dos requisitos para o grau de mestre em ciências em engenharia ambiental na Universidade Tecnológica do Michigan 2012

7) " Harsh Srivastava, Anupam Singhal (2018), "design e análise da rede de distribuição de água optimizada em bits pilani, pilani campus proceeding of the $3^{rd}$ Congresso Mundial de Engenharia Civil, Estrutural e Ambiental (CSEE'18) paper no. ICESDP 117 DOI: 10.11159/icesdp18.117 )

8) Adil nadeem HUssain, N. S. Patil e A. V Shivapur (2017), "análise comparativa do sistema de rede de distribuição de água remodelado por EPANET e programa de loop" SSRG Revista Internacional de Engenharia Civil - (ICRTESTM) - edição especial 2017.

9) Phillip R. Page Built "smart optimization and sensitivity analysis in water distribution system" environment, council for scientific and industrial research, Pretoria, Southafrica,

10) Malásia Sarawak Bellgalmano Low "modelação da conduta principal de água de bau-lundu utilizando o software EPANET" Um relatório apresentado em cumprimento parcial dos requisitos para o mestrado em engenharia civil, faculdade de engenharia, Universidade

11) Shivalingaswami.S.Halagalimath, H. Vijaykumar e Nagaraj e J.S Patil "hydraulic modeling of water supply network using EPANET", IRJET (international Research Journal of engineering and technology) volume 03, 2016.

12) ELSEVIER Silvia Meniconi SilviaMeniconi, BrunoBrunone, KobusvanZyl e ElisaMazzettia" Aqualibrium competition: laboratory data and EPANET simulation" Volume 186, 2017, Páginas 522-529.

13) Md N. Almasari "simulation of water distribution networks the use of EPANET" Water Resources Management 28(10), DOI: 10.1007/s 11269-014-0677-0

14) Adeniran e M. A Oyelowo (2013) "An EPANET analysis of water distribution network of university of Lagos, Nigera", Journal of engineering research, volume 18 no. 2 A. E.

15) https://www.epa. gov Manual do utilizador EPANET.

16) G. Venkata ramana, Ch V. S. S Sudheer e B. Rajasekhar (2015), "Network analysis of water distribution system in rural areas using EPANET", $13^{th}$ computer control for water industry conference, CCWI 2015

Printed by Books on Demand GmbH, Norderstedt / Germany